EN TERRE PROMISE

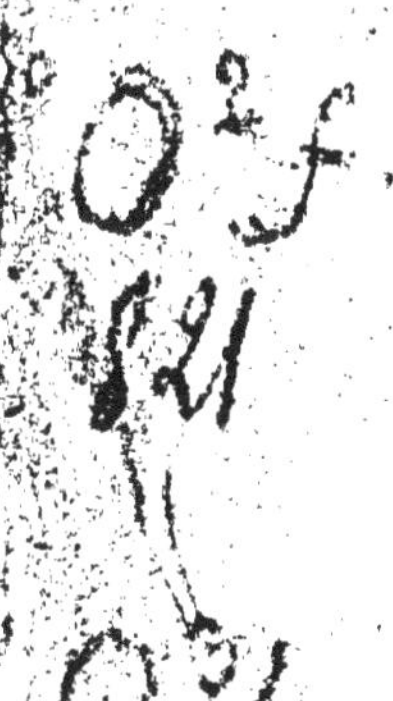

EN TERRE PROMISE

NOTES DE MON VOYAGE

EN ÉGYPTE ET EN PALESTINE

16 avril — 4 juin 1890

PAR

M. A. COURET,

ANCIEN MAGISTRAT,
AVOCAT A LA COUR D'APPEL D'ORLÉANS,
GRAND OFFICIER DE L'ORDRE DU SAINT-SÉPULCRE,
COMMANDEUR DE L'ORDRE DE PIE IX,
CHEVALIER DE SAINT-GRÉGOIRE-LE-GRAND, ETC.,
DOCTEUR EN DROIT, DOCTEUR ÈS-LETTRES,
CORRESPONDANT DE LA SOCIÉTÉ DES ANTIQUAIRES DE FRANCE.

PARIS
8, RUE FRANÇOIS Ier

1892

EN TERRE PROMISE

NOTES DE MON VOYAGE

EN ÉGYPTE ET EN PALESTINE

---

16 avril — 4 juin 1890

PAR

M. A. COURET,

ANCIEN MAGISTRAT,
AVOCAT A LA COUR D'APPEL D'ORLÉANS,
GRAND OFFICIER DE L'ORDRE DU SAINT-SÉPULCRE,
COMMANDEUR DE L'ORDRE DE PIE IX,
CHEVALIER DE SAINT-GRÉGOIRE-LE-GRAND, ETC.,
DOCTEUR EN DROIT, DOCTEUR ÈS-LETTRES,
CORRESPONDANT DE LA SOCIÉTÉ DES ANTIQUAIRES DE FRANCE.

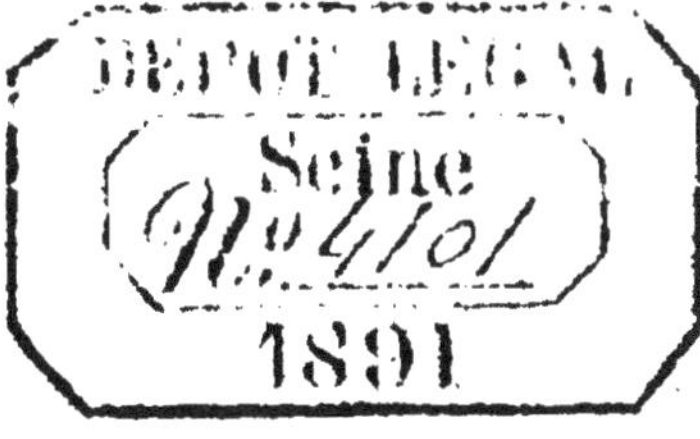

PARIS

8, RUE FRANÇOIS Ier

—

1891

EN TERRE PROMISE

NOTES DE MON VOYAGE

EN ÉGYPTE ET EN PALESTINE

PREMIÈRE PARTIE

D'ORLÉANS A ALEXANDRIE

Mercredi 16 avril — Jeudi 24 avril 1890

JÉRUSALEM ! ! Je vais donc enfin voir *Jérusalem !* Cette ville fameuse dont j'ai tant étudié, depuis ma jeunesse, la fatidique et surprenante histoire, sujet de ma thèse de doctorat ès-lettres (1), patrie intellectuelle et refuge habituel de mon âme et de ma pensée, pays de mes

(1) *La Palestine sous les empereurs grecs* (326-636), par Alphonse Couret, docteur en droit, docteur ès lettres. (Grenoble, imprimerie Allier, 1869, in-8.)

rêves et qui fait, en quelque sorte, partie de ma vie : j'y serai dans quelques jours !

C'est décidé, je pars !

Entre nous, je commets là une rare imprudence. Cette funeste *influenza* qui, cet hiver, s'est abattue sur moi à trois reprises, m'a brisé. Je suis sans forces, je marche à peine : comment résisterai-je aux épreuves et aux secousses du voyage !... Mais qu'importe ! On ne peut acheter trop cher le bonheur de voir Jérusalem ! Puis, comme on nous en a prévenus avec tant de raison : nous ne sommes pas des touristes, nous sommes des *Pèlerins de la Pénitence* (1), nous devons accepter d'avance et d'un cœur généreux les souffrances et les hasards du chemin.

Me voici à mon tour, comme les pèlerins d'autrefois, dont j'ai tant relu les naïfs et palpitants itinéraires: comme le vieil **Anglure**(2) et le **Seigneur de Caumont** (3) ; comme l'érudit et sage dominicain **Félix Fabri** (4), et le bon carme **Le Huen**, ancien confesseur de Charlotte

(1) *Circulaire de la Direction des Pèlerinages* (8, rue François Ier, à Paris).

(2) *Ogier VIII d'Anglure* (16 juillet 1395 — 22 juin 1396).

(3) *Nompar II, seigneur de Caumont* (27 février 1418 — 14 avril 1420).

(4) Il alla deux fois en Terre Sainte, en 1480 et 1483.

de Savoie (1); comme le Bordelais PHILIPPE DE VOISINS (2), si facile admirateur de Venise; le cordelier d'Angoulême JEAN THENAUD, si intéressant par ses détails sur l'état du Caire aux débuts du seizième siècle (3); le digne bourgeois de Paris ANTOINE REGNAUT (4) dont le passage — un peu trop légendaire — sur les voyages et ambassades des rois de France à Jérusalem est si curieux (5); comme le « SEIGNEUR DE VILLAMONT(6) », qui le premier signale dans le trésor du Saint-Sépulcre l'épée de Godefroy de Bouillon (7); VERGONCEY, le sentencieux, l'ennemi personnel de Venise (8), qui écrit son voyage en prose rimée; RADZIWIL (9),

(1) Moine du « *Conuent du Ponteau de mer en Normandie diocese de Rouen* »; parti au mois d'avril 1487, il était de retour au mois de janvier 1488; il dédie son récit *A Tres haulte tres crestienne et tres redoubtee princesse la roine de France Marguerite* (fille de Maximilien d'Autriche et de Marie de Bourgogne, fiancée a Charles VIII en 1483, renvoyée en Allemagne en 1491).

(2) En 1499.

(3) En 1512.

(4) En 1549.

(5) De Clovis II à Charles IX.

(6) Juin 1588 — août 1591.

(7) Juin 1588 — mars ou avril 1591.

(8) En 1618. Il commence son second livre par ces mots caractéristiques: « *Venise, qui ne l'a vuë la prise et qui l'a veuë la mesprise* ».

(9) En 1583-1584.

le grand seigneur (1), le compagnon d'armes d'Étienne Battory; le hardi Parisien NICOLAS BÉNARD, si résolu, si jeune et si vif (2); THÉVENOT, l'introducteur du café (3), et le timide Orléanais TURPETIN, toujours en effroi, dont j'ai naguère publié le voyage (4). Sans oublier ni ce brave DENIS POSSOT qui, mourant de fatigue à Candie, le 17 septembre 1532, passe son manuscrit à son compagnon PHILIPPE DE CHAMPARMOY, avec prière de le continuer; ni l'honnête marchand GABRIEL GIRAUDET (5), si sincère et si crédule; ni surtout CHATEAUBRIAND, dont l'ITINÉRAIRE, encore que, trop souvent fautif, parle cependant au cœur et l'enchante par le charme sentimental, l'accent généreux, humain, poignant, presque douloureux de son

(1) Palatin de Vilna, duc de Olica et de Nieswltz. 20 septembre 1616 — 20 septembre 1617.

(2) En 1616-1617. Il avait vingt ans; créé chevalier sur le Saint-Sépulcre, le 2 février 1617, il prit pour armoiries, a son retour: un cœur ailé de quatre ailes, montant d'un croissant et prenant son essor vers une croix de Jérusalem accompagnée de deux étoiles (Bénard, *le voyage de Hierusalem*, page 159, à Paris, 1621).

(3) En 1656.

(4) *Voyage de Jérusalem, par F. M. Turpetin (de Beaugency), prestre du diocèse d'Orléans, publié pour la première fois, etc., par A. Couret, ancien magistrat, etc.* (Orléans, Herluison, 1889, in-12).

(5) En 1555.

fier génie, à la fois si enthousiaste et si désabusé, si moderne et si chevaleresque, qui donne une âme aux choses et le rayon de l'idéal à l'histoire ! (1)

Je vais, moi aussi, visiter enfin la *Terre Sainte,* l'ancienne *France d'Outre-Mer,* le pays des trois héroïsmes : l'héroïsme *Biblique,* l'héroïsme *Évangélique,* l'héroïsme chevaleresque et militant des *Croisades.* Je vais pouvoir enfin me prosterner devant le Saint-Sépulcre, *le plus précieux trésor de la chrétienté* (2) », dont j'ai écrit l'histoire (3), raconté les légendes (4), et dont j'emporte, comme préface de mon pèlerinage et don de joyeux avènement à

(1) Je crois devoir indiquer aux Pèlerins de l'avenir, soucieux de connaître les pèlerinages d'autrefois, le nouveau et savant ouvrage du professeur *Rohricht* intitulé : *Bibliotheca geographica Palaestinae. Chronologisches verzeichniss der auf die geographie des Heiligen landes bezüglichen literatur von 333 bis 1878 etc., von Reinhold Rohricht, etc. Berlin, H. Reuther's verlagsbuchhandlung.* 1890, in-8°.

(2) *Fratris Felicis Fabri Evagatorium, etc.,* tome I, page 238 (Stuttgardiæ, 1843, 3 vol. in-8°).

(3) *L'Ordre du Saint-Sépulcre de Jérusalem, depuis son origine jusqu'à nos jours* (Orléans, Herluison, 1887, gr. in-4°).

(4) *Les légendes de la basilique du Saint-Sépulcre,* conférences faites à Orléans aux mois de juillet et de décembre 1889, et refaites ensuite à Jérusalem et sur le *Poitou* au mois de mai 1890.

Jérusalem, le vieil *Office* (1) que je viens de retrouver. Quelle joie inattendue et profonde !

Mercredi 16 avril.

Voici le lourd omnibus qui s'arrête à la grande porte de la rue du Dévidet. J'embrasse une dernière fois ma courageuse et intelligente femme qui de tout son pouvoir a favorisé mon voyage, ma petite fille toute rouge de chagrin et qui se détourne pour pleurer, mon fils qui retient à grand peine ses larmes, parce que je lui ai persuadé qu'un homme — il a neuf ans — ne doit pas pleurer. Les reverrai-je ?... Mais arrière les funèbres pressentiments, oiseaux de nuit de la pensée, et en route pour la Terre Promise ! Oui, c'est bien pour moi la *Terre Promise :* je me promets tant de joie de la voir et me tiens pour assuré d'y retrouver ma santé disparue.

Combien nous sommes peu nombreux à la gare de Paris-Lyon !... On annonçait environ 400 pèlerins, et je ne vois qu'un petit noyau, presque perdu dans la bruyante et farouche amplitude de la gare. Il est vrai que ces

(1) *Officium sancti sepulchri ad usum Peregrinorum et militum sancti sepulchri Hierosolymitani, ab* A. Couret, etc. (*Aurelianis*, Herluison, 1890, in-18°.)

400 pèlerins sont le confluent, et comme le drainage, de tous les points de la France; nous les rallierons peu à peu de gare en gare, jusqu'à Marseille, où les joyeux Bordelais nous rejoindront. Le pèlerinage est un chapelet qui, au lieu de s'égrener, se compose en marchant.

Le train siffle: on est parti. Voici *Melun*, avec son clocher aigu et son pénitencier flanqué de tours; *Montereau*, si célèbre dans l'histoire par son meurtre inexpliqué et sa victoire « blessée à mort ». Salut à la vieille tour de la cathédrale de *Sens*, ancienne métropole de Paris, qui élève vers le ciel, comme un phare éteint, sa haute lanterne si finement découpée à jour. Voici tous ces pays que je connais si bien: *Attigny*, avec son château timbré de l'écusson des Polignac; la chapelle déserte de *Saint-Julien du Sault*, à l'abside carrée percée de trois fenêtres ogivales; *Villeneuve-sur-Yonne* avec ses jardins, sa grosse tour de briques rouges, et sa monumentale porte de ville... Le soleil se couche superbement sur les coteaux et le flot jaunâtre de l'Yonne: rayons d'or sur un ciel gris. La nuit promet d'être orageuse; c'est sans doute un pronostic de mon pèlerinage: il sera beau mais pénible. Les événements futurs se reflètent dans les incidents matériels comme dans un miroir: il s'agit de les savoir reconnaître.

Nous récitons notre premier chapelet sous la direction du R. P. Simon, un brave Prémontré aux vastes lunettes, drapé dans sa soutane blanche, pâle comme elle et qui tire avec orgueil un chapelet de noyaux d'olives de Gethsémani, trophée de son premier pèlerinage.

La nuit est venue, profonde, longue, tourmentée dans notre wagon à peu près au complet. On sommeille péniblement, à demi replié sur soi-même. A chaque station l'on tressaille. Mais l'arrêt est-il un peu prolongé, on se hâte de descendre, et alors il se produit quelque chose de charmant: ce sont les présentations réciproques en pleine nuit, à la clarté des lampes fumeuses, sur le trottoir de la gare transformé en salon: à Laroche notamment, à Dijon, etc. On se présente, on se reconnaît, on se salue, on se complimente, on s'encourage, on s'offre de la Chartreuse et des cigares. Voici M. Félix de Bournonville, homme du monde et gentilhomme accompli, qui distribue la liste provisoire du pèlerinage; l'excellent M. Chauveau, l'obligeance et l'ardeur personnifiées, qui retourne pour la septième fois à Jérusalem; M. l'abbé Colson, curé de Crancey, si énergique et dévoué avec sa grande croix d'or battant sur sa poitrine ; l'abbé de Saint-Martin, ancien précepteur des infants d'Espagne et commandeur de l'Ordre de Charles III; l'aimable abbé

Roussillon, secrétaire général de l'évêché de Chartres; le savant abbé Ackerman, professeur de l'Institut catholique de Paris, aussi bon cavalier que bon paysagiste et conférencier, surnommé plus tard par nous le père *La Guigne* parce qu'il faisait rater toutes les combinaisons dans lesquelles il entrait; le P. Edouard Paillier, sympathique et doux religieux, qui tire de son bissac, avec d'excellent saucisson, d'inépuisables liasses d'une petite revue bleue intitulée: *Le messager de Saint-Joseph, écho de l'archiconfrérie* etc.; enfin, escorté de ses trois chevaux légers qu'il entraîne avec lui dans sa marche pétulante, l'honorable M. Ludovic des Francs, un intrépide aveugle, chef d'une des plus considérables familles d'Orléans, qui retourne pour la deuxième fois à Jérusalem. N'a-t-on pas, en effet, au VIe siècle, un exemple d'une ophtalmie guérie miraculeusement au Saint-Sépulcre? (1) Qui sait!...

Jeudi 17 avril.

Le jour a paru pluvieux et terne. Nous cheminons indolemment, feuilletant sur notre parcours toute l'histoire de France.

(1) *Antoninus martyr, De locis transmarinis sacris*, page 134 des *Itinera et descriptiones Terræ Sanctæ* etc. édition Tobler, tome I (Genève, J.-G. Fick, 1877, in-8.)

Voici LYON, l'ancienne ville libre, où le pape Innocent IV maudit l'empereur Frédéric II, le faux roi de Jérusalem, LYON mis à sac, en 1793, par l'armée Conventionnelle, et dominé par son magnifique sanctuaire de Fourvières, d'où se déroule le merveilleux panorama de la plaine du Dauphiné jusqu'aux confins de la Suisse et au massif neigeux du mont Blanc. Le RHONE, fleuve superbe, au cours puissant, aux eaux couleur d'acier, et dont un bon prêtre breton de notre compartiment n'avait jamais entendu prononcer le nom. Là-bas, sur la droite, le plateau de BRIGNAIS, où les patriotiques *Bourbons* (1) se firent tuer pour libérer le peuple de France des ravages des *Grandes Compagnies.*

Voici VIENNE, couronnée de ruines, ancienne métropole de la Gaule Romaine et du royaume des Burgondes, avec son admirable cathédrale de Saint-Maurice, croulante hélas ! dont toutes les pierres sont des tombes et portent des bas-reliefs ou des inscriptions ; la TOUR D'ALBON, inexpugnable refuge des Dauphins de Viennois durant les jours crépusculaires de l'invasion Sarrazine ; la ROCHE-DE-GLUN, prise d'assaut

(1) Jacques Ier de Bourbon, comte de la Marche, et connétable de France ; et Pierre de Bourbon, comte de la Marche, en 1361.

par saint Louis allant à la Croisade ; CRUSSOL, perché sur la cime de son roc, berceau de cette antique famille d'Uzès qui se croisa en 1248 (1) et, l'autre jour, faillit changer les destins de la France ; TOURNON, dont le seigneur rapporta d'outre mer la statue miraculeuse de *Notre-Dame d'Ay ;* VALENCE, où mourut *Lesdiguières*, le dernier des Connétables, et *Pie VI* de mélancolique et sainte mémoire ; MONTÉLIMAR, patrie du nougat et des sorciers, domaine patrimonial de cet admirable *Adhémar de Monteil*, évêque du Puy, nommé par le grand pape Urbain II généralissime de la première croisade (2) ; le VENTOUX superbe, aux pentes rapides, couvertes de neige, à la cime voilée de brume, objet jadis de la craintive adoration des vieilles tribus gauloises ; ORANGE et AVIGNON, toutes remplies, l'une des monuments de Rome, l'autre du souvenir des Papes (3).

Mais pourquoi le bon Prémontré s'agite-t-il ? que nous désigne-t-il donc de sa main décharnée, là-haut, entre deux cimes des garrigues désertes ?

(1) Guy Allard, verbo *Merez*.

(2) *Archives de l'Orient Latin*, tome I. 1re partie, page 114, (Paris, Leroux, 1881, 1 v. in-8°).

(3) Nous croyons devoir donner ici les noms peu connus des Architectes du Palais des Papes à Avignon : *Jean de Louvière* et *Johannès Bissacci*.

— C'est la croix asseulée du monastère de **Frigolet**, si célèbre par son siège non sanglant et sa complainte héroï-comique.

Voici, précédé de belles plantations d'oliviers et d'amandiers, **Tarascon**, dont on aperçoit le lourd château bâti par le roi René, — un roi de Jérusalem (1) qui portait au cou la décoration du Saint-Sépulcre (2), — et en face, sur son cube de rocher, de l'autre côté du Rhône, la haute tour de Beaucaire, où les dames du Midi réunirent leurs joyaux pour la rançon du roi Jean, et dont plus tard fut sénéchal *Jean d'Aulon*, le fidèle écuyer de notre bonne sœur Jeanne d'Arc. **Arles** enfin, **Arles** tout illuminée des dernières splendeurs et des mourantes clartés de l'Empire romain à l'agonie, **Arles** d'où partirent les aigles d'or d'Aétius pour délivrer Orléans et refouler au-delà du Rhin les hordes tartares (3)

(1) Les droits, très sérieux, du roi René d'Anjou sur le royaume de Jérusalem ont passé, en 1481, (en vertu du testament de son neveu et héritier Charles III du Maine), au *roi de France Louis XI* qui les a transmis à ses successeurs. Le GOUVERNEMENT FRANÇAIS actuel, représentant des anciens rois de France, peut aujourd'hui revendiquer à bon droit non seulement le *Protectorat des Lieux Saints*, mais encore la *Souveraineté du royaume de Jérusalem*.

(2) Portrait du roi René d'Anjou. *(Lorraine artiste)*.

(3) *Conférence de M. Germain Bapst au Trocadéro, sur l'orfèvrerie et la bijouterie mérovingiennes.*

d'Attila, **Arles** avec ses monuments augustes, son amphithéâtre, ses thermes et son incomparable cimetière des *Aliscamps* où, dit la légende, le fameux Roland dort son sommeil héroïque, escorté de vingt mille preux tombés autour de lui à Roncevaux; **Arles** surtout qui, sans un coup funeste d'un imprudent mistral, eût remplacé Constantinople et régné à titre de capitale sur le monde byzantin, du Tigre aux monts Grampians. Quel rêve et quelle chute!...

Ah! certes, nous avons le temps de reconnaître le pays et de redire notre histoire et nos pacifiques chapelets! La route est longue, la lenteur éternelle! Quels arrêts multiples, quelles interminables stations! Plus d'une heure à **Arles**, une heure encore à **Miramas**! De l'autre côté de la plaine, le vieux donjon de l'abbaye de *Montmajour*, si célèbre dans les fastes du Midi, nous regarde d'un air désolé, comme un squelette debout au-dessus de sa fosse. Nous mettrons plus de trente heures pour aller de Paris à Marseille. Quelque chose ne marche pas! c'est le cri général. La Compagnie P.-L.-M. en use évidemment avec nous sans façon, comme avec des gens de peu, des voyageurs au rabais: petits compagnons, petit prix et petite vitesse.

L'aspect général de notre train *n° 39*, le jeudi 17 avril, au déclin du jour, est peu encourageant : il tient à la fois du convoi des pompes funèbres, du train de bestiaux et de la chaîne des déportés. Nous devons avoir un faux air de simples d'esprit de la primitive Église, conduits à petites journées au martyre. Le regard sceptique, le sourire désobligeant, le geste brusque des employés narquois complète encore l'illusion. Autour de nous, la campagne à demi déserte, démembrement de l'ancienne Crau, plantée de cyprès à la noire verdure, a un air de cimetière et semble en deuil. Serait-ce une allusion désobligeante à l'avenir qui nous attend ?... Heureusement la nappe azurée de l'étang de Berre vient dérider un peu nos esprits.

Nous dépassons le tunnel de la *Nerthe*, l'un des plus longs de France, chacun a tiré sa montre : « 6 minutes et demie ». — Non, dit mon confrère Lecestre, qui a un beau chronomètre : « 5 minutes 3/4 et quelques secondes ! » C'est ma foi bien possible, et je n'y contredis pas.

Enfin voilà *Marseille*; *Marseille* à la nuit close, à dix heures du soir, encore pointillée de nombreuses lueurs, tout émue de la visite de M. le président de la République, toute fière de le posséder encore dans ses murs; toute frissonnante de la pluie diluvienne qui a imbibé l'enthousiasme méridional. Sur nos têtes, les lampions décolorés et à demi-éteints, les lanternes en déconfiture découlent goutte à goutte et semblent pleurer sur notre arrivée retardataire. Il fait un froid rigoureux !... « Vous aurez toujours trop chaud », m'avait dit à Orléans, d'une voix sans réplique, l'oracle de la rue Jeanne d'Arc, que j'étais allé consulter. Ce chaud là, pour ses débuts, est joliment frappé à la glace !

Vendredi 18 avril.

Nous avions droit à un dédommagement après cet incommode et interminable voyage : la superbe réunion de ce matin à Notre-Dame de la Garde nous l'a donné. Quelle magnifique cérémonie ! Messe solennelle à 7 heures, par Mgr l'évêque de Marseille ; remise des croix rouges bénites aux pèlerins ; chant du *Te Deum*, assistance compacte, recueillie, émue ; église comble, débordante. Le pèlerinage commence réellement : c'est ici qu'on en éprouve les premières émotions. Quelque chose d'électrique, le frisson des grandes espérances a passé en nous. Nous voilà vraiment pèlerins !...

Et, au sortir, quel admirable panorama du haut du perron de Notre-Dame de la Garde ! Le vieux et le nouveau Marseille pressé, amoncelé, échafaudé entre la colline et le rivage, les docks immenses, la cathédrale interrompue, les deux ports, les lignes parallèles et redoublées des navires aux mâts sertis de flammes multicolores, la mer bleue aux crêtes blanches, un peu houleuse, hélas! et tout au fond : à gauche, l'îlot fortifié du château d'If (qu'une bonne cuisinière prend pour Jérusalem); à droite, la coque et les cordages pavoisés de notre vaisseau de transport, *Le Poitou :* notre asile flottant jusqu'à Alexandrie!

Combien les Marseillais, cependant bien madrés, ont tort de vanter si haut les bourgeoises splendeurs de leur sotte *Cannebière,* belle sans doute, mais en somme identique à tous les boulevards des deux hémisphères, et au contraire de faire presque le silence sur la merveilleuse perspective qui se déroule aux yeux ravis du haut du péristyle de Notre-Dame de la Garde. Paris n'offre rien de comparable, pas même la superbe vue de Montmartre ou de la tour Eiffel (1).

Quel dommage aussi que *Marseille*, jadis si

(1) A la fin du XVIe siècle, *Notre-Dame de la Garde* était une chapelle, déjà renommée, enclose dans l'enceinte d'un château-fort. (*Les voyages du seigneur de Villamont*, etc., page 286. Dernière édition, augmentée et corrigée de nouveau. A Lyon, chez Pierre Bernard, M.DCXIII, in-12.)

zélée pour les Saints Lieux et dont aujourd'hui encore les chanoines portent, dit-on, au col la croix de Jérusalem, n'ait pas rétabli, au moins sous forme de comité de Terre-Sainte, son ancienne *Confrérie du Saint-Sépulcre,* si florissante au XVIIe siècle (1), si favorisée par Anne d'Autriche, avec sa chapelle fondée en 1653, par un groupe de jeunes pèlerins marseillais (2). Notre pèlerinage ne comptait même dans ses rangs qu'un bien petit nombre de citoyens de Marseille : ils étaient charmants du reste.

Il est dix heures. Nous voici sur le *Poitou,* notre brave bateau dont Dieu me garde de dire du mal et que, dit-on, tout à l'heure, M. Carnot a eu la courtoisie patriotique et le bon goût de saluer en passant. Sur la poupe flotte le pavillon tricolore, du haut du grand mât se déploie la longue flamme blanche ornée de croix de Jérusalem pourpres, insigne, depuis plus de 400 ans, des pèlerinages en Terre Sainte (3).

(1) *Mémoires du chevalier d'Arvieux,* tome second, pages 158, 159.

(2) *Provinciæ massiliensis ac reliquæ Phocensis annales, sive massilia gentilis et christiana,* etc. *auctore, R. P. Joan Bap. Guesnay aquensi* etc. page 553. (Lug duni. M. DC. LVII, in folio).

(3) *Fratris Felicis Fabri Evagatorium,* tome I, page 150.

Monseigneur de Marseille vient de célébrer sur le navire la messe du départ et de le bénir solennellement « pour en chasser les démons. » S'il pouvait exorciser le mal de mer!...

J'ai présenté mes lettres de créance au R. P. *Vincent de Paul Bailly* (1). Quel homme admirable! Front de penseur, œil éclairé de poète, cœur d'apôtre, charité de moine, courage de chevalier, abnégation d'ascète, talent d'organisation hors ligne, parole simple, familière, enjouée et vive, montant sans efforts et comme d'un coup d'aile, et trouvant d'elle-même et sans apprêt le mot heureux, l'expression juste, vivante et bien venue, le trait qui ravit... Le visage un peu échauffé toutefois, et le teint rougi comme d'un homme qui se surmène et se compte pour rien.

Et, autour de lui, quels acolytes que ces *Pères Augustins de l'Assomption,* branche à la fois, et des charitables *Ermites de la forêt de Sénart,* et des superbes *Chanoines Augustins,* vêtus de blanc, avec cordelière et croix vermeilles, que les rois Croisés préposèrent à la garde vigilante et parfois douloureuse des quatre plus augustes sanctuaires de Terre

(1) Nous laissons à l'auteur la responsabilité de ses assertions. (Note de l'imprimerie.)

Sainte : le *Saint-Sépulcre*, le *Cénacle*, l'*Ascension* et la basilique de *Bethléem* (1). Le P. *Alfred*, à la douce et noble figure, encadrée dans une barbe blonde, soyeuse et longue, à la voix de ténor, pénétrante et bien timbrée, chantant comme un rossignol malgré sa profonde fatigue, l'exquise complainte de Nazareth ; le P. *Marie-Augustin*, au profil de médaille romaine, aimable, généreux et toujours prêt à obliger ; le P. *Edmond*, si savant, si pâle et si résigné ; le Fr. *Camille*, vrai centaure toujours au galop, parlant l'arabe comme un *mufti* et gouvernant, d'une main sûre, le troupeau criard et perfide des *moukres*. Tous cavaliers intrépides, vissés sur leur monture, galopant sans trêve à travers les âpres et rocailleux sentiers de la Palestine. En les voyant, je croyais reconnaître ces vaillants Chanoines du Saint-Sépulcre, cuirassés, bottés, éperonnés comme des chevaliers, qui portaient la sainte Croix sur le front des armées latines et souvent, jetant le bréviaire pour l'épée, chargeaient avec la cavalerie et se faisaient tuer bravement au champ d'honneur, comme *Geoffroy de Neuvy* au combat de Bethsan, et *Pierre de Bethléem* à la bataille d'Andri-

(1) *Études sur l'histoire de l'Église de Bethléem, par le comte Riant, membre de l'Institut*, page 11, 12, (Gênes M. D. CCC. LXXX. IX, gr. in-8).

nople (1). Ils ont encore une autre gloire, non moins précieuse : c'est leur Ordre qui a donné à notre chère et sainte héroïne Jeanne d'Arc son dévoué confesseur, Fr. *Jehan Pasquerel* (2), qui la suivit partout et assista auprès d'elle au sacre de Reims, véritable résurrection de la dynastie nationale.

Le R. P. Bailly, que je ne saurais trop remercier de sa bienveillance et de son amitié, m'assigne la couchette n° 34, dans une excellente cellule de seconde, à l'avant du bateau. Je me trouve seul laïc parmi cinq bons prêtres et religieux.

Midi sonne! On lève l'ancre. La machine siffle avec violence, comme pour dire à la terre un adieu furibond. Nous nous éloignons lentement du quai. La traversée commence : sept jours sans arrêt, sans appel, définitifs, irrésistibles entre le ciel et l'eau!..... La mer est houleuse, dure, l'énorme navire oscille comme un oiseau de mer qui veut prendre l'essor. Vainement la direction, toujours soigneuse et paternelle, essaie-t-elle de charmer nos esto-

(1) *L'Ordre du Saint-Sépulcre de Jérusalem depuis son origine jusqu'à nos jours*, par A. Couret, ancien magistrat, etc; page 8. (Orléans, Herluison. 1887, gr. in-4°.)

(2) Quicherat, *Procès*, etc., *de Jeanne d'Arc*, tome III, pages 100 et suiv. (Paris, Renouard, M. DCCC. XIV 5 vol. in-8).

macs en nous faisant asseoir à un excellent déjeuner maigre... Le mal de mer commence! Mlle de Lafond est saisie la première et, malgré les encouragements de Mme Gueury, se retire dans sa cabine « un peu plus vite que le pas ». Mon tour arrive quelques instants après : je monte en chancelant sur le pont et m'accoude au bastingage.....

..... Ne me demandez pas de détails sur la traversée. Sauf un court répit dans l'après-midi du dimanche, le mal de mer qui a fait ma capture, le vendredi, à une heure, n'a lâché sa proie, grâce à une invraisemblable dose de cocaïne, que le mercredi suivant, vers cinq heures du soir. Diète absolue et restitutions perpétuelles durant près de six jours. « Vous donnerez à manger aux poissons, mon avocat! » m'avait dit, la veille du départ, mon vieil ami, M. de Cornulier, ancien officier de la marine. — *Les povres,* comme on dit en Provence, s'ils n'ont eu que cela pour faire fête, ils n'en seront pas beaucoup plus gras!

Voici cependant quelques notes prises à grand'peine que je retrouve sur mon carnet de voyage: je les reproduis textuellement.

Samedi 19 avril.

Belle journée, mer assez calme, mauvaise pour moi, mon estomac bat la chamade presque sans interruption...

On frôle la *Corse* dont le sémaphore s'agite lourdement sur notre passage, en muette réponse à nos sifflements désespérés; *Capraja*, l'île d'*Elbe*, *Pianosa*, *Monte-Cristo*, îles célèbres dans l'histoire ou dans la fable. On distingue des côtes dans le lointain: est-ce l'*Italie*? Un bateau à voiles passe assez près de nous...

Je ne peux prendre part à aucun exercice: c'est l'apanage des bien portants...

Dimanche 20 avril.

Situation analogue. Grand bruit dès avant l'aube : MM. du Clergé vont dire leur messe. On en célèbre 20 à la fois.

Grand'Messe à huit heures. Je ne peux y assister, j'entends les chants de loin. Puisse Jérusalem me dédommager de cette douloureuse traversée: Voici deux jours que je n'ai ni bu ni mangé ! Et dire qu'il y a encore quatre jours de mer !...

Les odeurs du Poitou!... L'onction rougeâtre dont le bateau vient d'être peinturluré dégage un odieux arôme d'huile de foie de morue. Cependant Mlle de Bazelaire est trop sévère: elle parle d'insectes: Dieu merci ! il n'y en a pas. Tout est propre ou à peu près... sauf l'eau de mer, venue on ne sait d'où, qui suinte sous ma couchette et détrempe ma valise.

Le ciel est gris, l'horizon brumeux: nous aurons de l'orage ce soir. Faisons contre mauvaise fortune bon cœur! Mais ce voyage est une fameuse imprudence: les employés du chemin de fer ricanaient en nous voyant passer: ils prévoyaient notre sort. Courage! Jérusalem nous dédommagera!...

Il fait froid, je ne suis pas assez vêtu. Les chaleurs du midi seraient-elles une légende ?...

Ischia et deux autres îles dans le lointain. Un bateau à vapeur allant à Constantinople.

Nous avons vent contraire. La mer couleur ardoise avec une crête d'écume blanche sur les flancs du bateau, le revers de la lame bleue.

Cette après-midi, charmante conférence de Léon Dumuys sur la pêche de la baleine dans les mers polaires. Vêpres et sermon par un bon prêtre qui compare le péché véniel au microbe. Il est long, solennel et ennuyeux.

Le ciel s'éclaircit, la mer s'apaise. Le roc isolé du *Stromboli* se montre à l'horizon, un peu vers la gauche, un nuage à la cime ; à droite, les îles *Lipari*, nues, sombres, déchiquetées, ravinées, semblables à des pyramides tronquées. Par de là le *Stromboli*, une côte lointaine... peut-être celle de Sicile.

Je peux descendre à table et prendre une légère réfection. La mer est comme une nappe d'un bleu sombre: si elle pouvait demeurer ainsi !

Lundi 21 avril.

Malade. . . . .
. . . .

Jeudi 24 avril.

Le mal de mer a cédé à une dose effroyable de cocaïne; je ne souffre plus que d'une extrême faiblesse. Mais je redoute toujours un retour offensif. Quand donc verrons-nous la terre?...

On s'empresse vers l'avant du bateau, on se penche curieusement par-dessus bord..... on a signalé à l'horizon le *phare d'Alexandrie*. Enfin!

C'est d'abord une ligne perpendiculaire, indécise, bleuâtre, ténue comme une aiguille, qui peu à peu s'affermit, s'élève, se dessine en une sorte de minaret. En arrière se montre une très longue ligne blanche où l'on distingue comme de petits carrés de constructions; au-dessus, quelques flocons de fumée (ou de nuage), à droite et à gauche, des espèces d'îlots ou forts détachés. Voilà le premier aspect bien lointain, bien avant-coureur de la jetée et du port d'Alexandrie. C'est bien la rive basse et désolée, se formant à l'horizon le long des flots, dont parle Châteaubriand dans son admirable livre des *Martyrs*.

Nous voici dans le port. Nous évoluons lentement parmi les navires amarrés avant nous, moins nombreux cependant que l'on eût pu le supposer, (hélas ! un seul porte les couleurs françaises), et nous manœuvrons pour accoster. Quelle lenteur, mon Dieu ! La coque du bateau est-elle donc si fragile que l'on semble avoir si grand' peur de la casser ?...

Il est cinq heures du soir. Debout près du bastingage, à l'endroit où va mordre la large passerelle, trait d'union entre le bord et la terre ; notre valise à la main, nous contemplons *Alexandrie*, victime et proie des Anglais, rebâtie par eux, gardée par leurs soldats rouges, casqués et gantés de blanc, le fusil *Lee* entre les bras, irréprochables comme des mousquetaires d'ancien régime, flegmatiques, rigides et silencieusement insolents.

Les Frères des Écoles chrétiennes, précédés de leur fanfare qui résonne avec allégresse ; les Sœurs de Saint-Vincent de Paul, en grande cornette aux ailes de neige ; les *Cavas* du Consulat de France nous attendent sur le débarcadère et se préparent à nous faire une réception enthousiaste. Ils sont là depuis ce matin. Nous avons en effet près de douze heures de retard grâce au vent contraire, à la houle et surtout à la timidité du mécanicien-chef qui, nouveau venu à bord et peu familiarisé avec la force de sa machine, s'opiniâtre à ne pas la pousser et résiste aux virulentes objurgations du brave commandant Iperti.

DEUXIÈME PARTIE

SÉJOUR EN ÉGYPTE

Jeudi 24 avril. — Lundi 28 avril 1890.

Enfin, nous voici débarqués! Nous foulons avec joie, d'un pas encore hésitant, le sol immobile et ferme d'Alexandrie. Nous sommes en Egypte!

Salut, terre des merveilles, des enchantements, des mystères et des dieux, mère énigmatique et féconde d'un peuple aux origines incertaines, esclave aujourd'hui et courbé sur un sillon qui ne mûrit point pour lui, mais qui, durant des milliers d'années, régna sur l'ancien monde, du Caucase au jardin des Hespérides (1), par la science, les armes, la civilisation! Qui, dans la nuit confuse de la

(1) *Histoire ancienne des peuples de l'Orient*, par G. Maspero, pages 198 à 208 (Paris, Hachette, 1884). — Henri Schliemann, *Ilios, ville et pays des Troyens, Appendice XI, Troie et l'Égypte*, pages 977 à 984, et notamment 979 et 982 (Paris, Didot, 1885).

barbarie préhistorique, quand l'Europe sauvage n'était encore qu'une forêt glaciale, sans bornes et sans nom, hantée par des anthropophages tatoués, rayonne depuis longtemps comme un ardent flambeau (1). Six mille ans (2) au moins, avant notre ère, tu apparais aux bords limoneux de ton fleuve bienfaiteur, policée, savante, artistique, religieuse, plus parfaite au seuil de ton histoire que dans les âges ultérieurs, et tu offres au monde étonné, comme gage de ta civilisation précoce et de ton accablante grandeur, deux œuvres géantes : le *Sphinx* et la *Grande Pyramide*, une énigme et un tombeau : les deux seules choses vraies d'ici-bas! Ne serait-ce point pour te rendre hommage que Jésus-Christ, le divin penseur, le lumineux et insondable philosophe, a voulu passer son enfance dans ton sein, et faire ses premiers pas sur ton sol hospitalier?...

Nous nous formons en procession au chant

(1) *Les premières populations de l'Europe*, par le marquis de Nadaillac, page 442 du *Correspondant*, numéro du 10 novembre 1889. — Perrot et Chipiez, *Histoire de l'Art dans l'antiquité. Égypte*, page 19 (Paris, Hachette, 1882).

(2) Marquis de Nadaillac, *Les premières populations de l'Europe*, page 431. — *Histoire d'Égypte*, par Henri Brugsch-Bey. Première partie. Introduction. *Histoire des dynasties*, I, XVII, pages 19, 20, 23, 38 (Leipzig, J. C. Hinrichs, 1875, in-8°).

des *Litanies* et nous nous dirigeons vers la cathédrale d'Alexandrie, commune aux *Frères des écoles chrétiennes* et aux *Franciscains* et mitoyenne entre les deux établissements. J'entre dans le rang et, malgré ma faiblesse, je prends mon courage à deux mains pour faire bonne figure et suivre résolument la procession. La route est longue, le sol poudreux, le soleil brûlant. Qu'importe? Je marcherai quand même!... On me frappe sur l'épaule: c'est mon confrère Lecestre qui, charitablement, vient m'avertir qu'une place m'est réservée dans un petit omnibus pour me conduire chez les *Frères.* J'accepte sans trop de résistance: le mal de mer, joint à une diète absolue de cinq jours, a tellement amoindri mes forces!... Et j'en avais déjà si peu!

Chez les *Frères,* au superbe *collège Sainte-Catherine,* où l'on me présente comme *le malade du pèlerinage* (Scarron s'intitulait bien: « *le malade de la reine!* ») accueil chaleureux. On me conduit à l'infirmerie, on me verse un grand petit verre d'un excellent cordial, on m'avance un fauteuil à l'ombre et l'on me réconforte si bien que je peux rallier la procession du pèlerinage quelques instants avant son entrée à la cathédrale, et assister au *Te Deum* solennel chanté pour notre heureuse quoique pénible et tardive arrivée.

Que les bons *Frères* du *collège Sainte-Catherine* d'Alexandrie, notamment le supérieur, frère *Ildefonse*, le frère *Martin*, infirmier, et le frère *Barthélemy Clément*, procureur, si aimables, si dévoués, si distingués, si charitables, si patriotiques, qui ont si affectueusement accueilli dans leur magnifique établissement le pèlerinage français, et spécialement le pauvre pèlerin à demi-inanimé, reçoivent ici mes sincères remercîments et l'affectueuse expression de ma vive gratitude.

Vendredi 25 avril.

Nuit assez bonne, un peu de fièvre au début. Je fais connaissance pour la première fois avec les moustiquaires. Il paraît que j'ai un peu inquiété le pèlerinage : le cher *Frère* infirmier est venu à plusieurs reprises en tapinois dans ma chambre s'assurer si je dormais. Un ancien élève des Frères me donne de grand matin un solide coup de rasoir qui me fait reprendre figure humaine et place dans le monde civilisé.

A 7 h. 1/2, messe du pèlerinage, chantée dans la cathédrale par l'évêque franciscain d'Alexandrie, Mgr Corbelli. La cathédrale, dédiée à sainte Catherine, est une église italienne, peinte de couleurs violentes, avec un chemin de Croix italien et une musique italienne, c'est-à-dire excellente, mais un peu théâtrale. A la fin, chant des pèlerins : *Catholiques et Français toujours!* Beaucoup de curieux.

Le consul de France, précédé de son *Cavas*, assiste à la cérémonie. En effet, au contact magique de la terre d'Orient, un changement total s'est effectué en nous. Nous ne sommes plus, comme hélas! en France, des pèlerins isolés, des volontaires, des extravagants, des enfants perdus, accomplissant une sorte de coup de tête, presque des *insoumis* auxquels on ne permet pas d'arborer dans les rues de Marseille les insignes du pèlerinage. Ici, pour tous, nationaux et étrangers, nous sommes les délégués, les représentants presque officiels, les mandataires approuvés de la France en Orient, venus à Jérusalem affirmer son antique protectorat, fils de Charlemagne, et faire en quelque sorte aux Saints-Lieux acte interruptif de prescription aux regards des puissances rivales. Nous sommes : *la France qui passe!* Comprenant l'importance de notre patriotique et religieuse démonstration, le gouvernement français nous suit d'un œil ami, nous favorise, nous protège et invite ses consuls à nous faire accueil. La solidarité et l'unité nationale, voilà le sentiment qui, en Orient, domine tout.

Ajoutez-y la chère et électrisante pensée que nous sommes les pacifiques, mais respectés, successeurs des vieux *Croisés* qui ont répandu dans tout l'Orient le nom, l'estime et presque l'amour de la France (1).

Au retour, à 9 heures, dans la large galerie qui sépare le bâtiment d'entrée de la cour intérieure plantée de superbes caroubiers, les chers Frères nous offrent une charmante représentation théâtrale, à la fois compliment de bienvenue, spécimen de leur enseignement et touchante affirmation d'amour pour la France. Très bon orchestre, chants patriotiques par les meilleurs élèves, et pièce finale brillamment enlevée par des enfants très joliment costumés. Le héros principal, vêtu de rose et blanc, avec large colerette et chapeau à plumes, remplit le rôle de *Triboulet*.

Après le théâtre, déjeuner excellent, un peu hâtif car le train du Caire (spécial pour nous) part à une heure et demie, et l'heure anglaise est inexorable pour le pauvre étranger. Le spacieux réfectoire que, la veille au soir, la lassitude ne m'a pas permis de considérer, est superbement paré de guirlandes, écussons, drapeaux, croix d'or et devises: *Aux pèlerins*

(1) *Francorum celebre nomen omni Orienti innotuit.* Robert le Moine *Hist. hierosol,* lib. IX. cap. II.

de la pénitence! — A nos nouveaux Croisés, salut! — Le Christ aime les Francs! — Des roses partout... et, ce qui vaut mieux, le plus empressé et aimable accueil. J'ai l'indiscrétion de redemander deux fois d'un délicieux ragoût, ce qui met en joie le bon Fr. *Gervais*, auquel on a confié la surintendance de mon pauvre estomac.

Pourquoi ce long murmure, ce mouvement général qui accueille l'entrée dans le réfectoire d'un beau Monsieur fort bien mis, longue redingote noire, col de chemise haut, raide, et plus blanc que nature, menton glabre, cheveux noirs ondulés, luisants de pommade, partagés sur le côté par une raie d'une irréprochable droiture, la correction personnifiée, le modèle du parfait *Clergyman?* Précédé d'un cher Frère qui lui sert de pilote, le beau Monsieur, un peu haletant, un peu effaré mais résolu, perce jusqu'au R. P. Bailly avec lequel il échange un colloque à voix basse, plein de surprise et de mystérieuse courtoisie. Puis le R. P. Bailly élève la voix: « Chers pèlerins, » nous dit-il, voici M. l'aumônier catholique » anglais d'Alexandrie, qui vient saluer les » pèlerins de la pénitence et leur souhaiter la » bienvenue. Remercions-le de sa visite et » portons sa santé, car les Nations sont *un* » dans le Christ! »

Le beau Monsieur n'avait pas disparu, que le R. P. Bailly, se tournant vers moi, voulait bien me dire, avec son clair regard et son bon sourire, qu'il me nommait « *Historien du pèlerinage* et me confiait le soin d'écrire le récit du IXe Pèlerinage de pénitence. » — « Mon » Père, c'est un grand honneur que vous voulez » bien me faire, mais hélas ! à qui confiez- » vous un tel soin ? A un invalide, un éclopé, » un roseau brisé, un revenant qui a vu passer » la mort ! Enfin, je ferai de mon mieux. »

Quel est donc ce gros Monsieur, un peu colosse, à figure rouge, l'air d'un Goliath bon enfant, en longue redingote noire boutonnée jusqu'au menton, qui, placé en face de moi, à la table d'honneur, me regarde d'un air bienveillant et semble applaudir aux paroles du R. P. Bailly ?... On l'appelle M. Viallet... Serait-ce lui ?... — Qui ça lui ? — Vous êtes donc né d'hier, ami lecteur, que vous ne connaissez point l'*Ermite d'Amouas*, sur la route de Ramleh à Jérusalem ? Un brave et digne homme, ancien officier de l'armée française, camarade de promotion du général Boulanger, qui s'est fait ermite dans une grotte, un peu au-delà d'*Amouas* (peut-être l'ancienne Emmaüs) et ne se nourrit que de pain noir, d'eau de source et de cresson ! Vous n'avez jamais entendu parler de lui ? — Mon Dieu, non !

quel motif a pu le réduire à une si barbare extrémité ? un chagrin d'amour ? — Non, c'est paraît-il une piété profonde et l'espoir de maigrir. C'est bien lui : nous fraternisons. Nous avons, en effet, à Orléans, un ami commun : M. Alexandre de Morogues, le plus digne, le plus honorable, le plus aimable et dévoué des hommes. L'Ermite est venu au Caire s'embarquer pour Marseille, nous ne le retrouverons malheureusement pas en Palestine : il ne sera de retour qu'après notre départ. Il promet de porter nos souvenirs en France et nous accompagne jusqu'à la gare, où s'est également donné rendez-vous une partie de la colonie française suivie de nombreux spectateurs. Nous partons non sans quelque retard, en dépit de la ponctualité anglaise, et aux cris réitérés de : *Vive la France!*

En route pour *Le Caire.*

Il est long le trajet d'*Alexandrie* au *Caire :* six heures de chemin de fer! Et quels wagons, surtout ceux de troisième (où heureusement je ne suis pas) : de vrais wagons de bestiaux, à claire-voie et ruisselants de poussière.

Je crois que les Anglais ont trouvé plaisant de sortir de leurs docks tous leurs rossignols, résidu, vieux matériel et rococo pour y empiler joyeusement, sans souci de la casse, le pèlerinage français. Notre machine doit être la célèbre *locomotive des décavés*. Nous marchons au pas, un coche nous dépasserait... Ce qui n'empêche point, un peu avant la station de *Tantah*, certains wagons de troisième de prendre feu. Est-ce malice? Les *Habits rouges* leur ont-ils donné le mot? N'approfondissons pas. Pour éteindre ce commencement de combustion, les employés flegmatiques enduisent les essieux d'une graisse blanchâtre qui, au contact de la flamme, se volatilise avec flocons de fumée et vif crépitement.

Mais, du moins, grâce à cette allure de paralytique, nous pouvons à loisir considérer cette terre d'Égypte, fille aînée de l'histoire, mère de la civilisation, institutrice de l'Europe et de l'Asie occidentale, nourricière et féconde, donnant trois récoltes par an, grenier des peuples, depuis les temps presque mythiques du « vieux voyageur Jacob », jusques aux jours avilis de la honteuse décadence romaine.

Elle s'étend plane, uniforme et basse, comme enfoncée, sans un pli comme une feuille de papyrus, noire sous le ciel bleu, terre évidemment d'alluvion, d'une admirable fertilité, « présent du Nil », plantée de palmiers, figuiers, cactus, caroubiers et vieux tamaris tordus. Çà et là, des palais délabrés, des moulins à vent aux bras ouverts, et, dans le lointain, des mosquées avec dôme et tour. Dans les champs verts ou jaunis par le chaume, des bœufs gris, des moutons blancs, noirs ou roux, des chameaux au pas nonchalant, des femmes en crèpe noir, des hommes en sarreau blanc ou bleu courbés sur le sillon; des cimetières arabes aux tombes d'un blanc aigu; des villages fellahs, sur un imperceptible renflement de terrain : huttes rectangulaires de boue grisâtre, serrées avec effroi l'une contre l'autre, et généralement dominées par la masse tyrannique d'un palais en ruine, comme un essaim de passereaux terrorisés par un milan. Enfin, éclatant de loin en loin, comme un sourire au milieu de ce paysage un peu morne, un bras du *Nil,* large, vivant, clair, gai, rapide, sillonné de barques à voiles, et mirant dans ses eaux bleues de gros villages avec leurs minarets, leurs palais, leurs villas revêtues d'un manteau d'énormes fleurs violettes, et leurs églises rivales latines et grecques : ces dernières reconnaissables à leur opulence et à leurs beaux clochers.

Les stations se suivent aux noms étranges : *Damanhour, Kafr-el-Zaïat, Tantah, Benhâ,* etc. A chaque arrêt, tout un petit monde bizarre, grouillant, familier, mendiant, importun, se presse autour de nous, escaladant les marchepieds, se suspendant aux portières, cherchant à soutirer quelque obole : enfants demi-nus, criant de l'eau fraîche dans des urnes de terre au galbe antique, nègres de toutes nuances en robes jaunes, rouges ou bleues, portant sur leurs têtes des couffes pleins d'oranges ou de citrons, femmes fellahs aux traits réguliers, au visage tristement placide, aux yeux en amande d'un noir cru, tendant des figues de cactus, des tranches de melon rouge aux graines noires, ou des sucreries blanches et roses diaprées de mouches. Quelquefois, rarement, à la fenêtre à demi close d'un haut bâtiment, moitié masure et moitié palais, on aperçoit, par le treillis sculpté du moucharabis entr'ouvert, le profil d'une jeune femme à la veste éclatante, aux cheveux noirs séparés en deux longues tresses, au tarbouch doré, qui se penche curieuse, souriante, craintive, pour considérer la longue file et l'étrange et bruyant pêle-mêle des *Hadjis* de l'Occident...

Ah! voici les *Pyramides!* Elles se montrent (du moins les deux principales) au loin vers la droite, réunies et comme agglomérées par la perspective. On dirait un M gigantesque d'un jaune de terre de Sienne. De nombreux jardins, ruisselant de fleurs et de verdure, annoncent les premières et encore lointaines approches du *Caire*. Au fond de l'horizon se dessine une longue ligne de rochers, semblable à une barre horizontale, nue, dévastée, aride, découpée, d'un jaune terreux et surmontée de ruines. Le ciel, par une surprenante faveur, s'est chargé de nuages noirs qui disputent l'empire au soleil couchant et à l'arc-en-ciel irisé. Il pleut..... un peu, sans doute pour nous souhaiter la bienvenue.

La ligne de rochers se rapproche et grandit de plus en plus ; sur ses flancs, on commence à distinguer un dôme colossal, flanqué d'un long minaret, svelte et aigu comme une flèche de cathédrale, tout autour d'énormes remparts : c'est la citadelle. Au pied, la ville, immense, agglomérée, confuse, murmurante, fourmillante de peuple. Nous sommes au *Caire*.

A la gare, tohu-bohu indescriptible, c'est un chaos d'ânes, de voitures, de chevaux, char-à-bancs, tramways sans rails, cris et appels de toutes sortes. Heureusement, les *Frères du Caire* nous attendent et nous aident à sortir de cet imbroglio. En face la gare, d'horribles petits débits indigènes en bois et planches, offrent des consommations de toutes sortes : gâteaux, fruits, café, limonade, etc. ; des mendiants de toutes couleurs, bleus, blancs, rouges, jaunes, surtout des fainéants.

Notre voiture surchargée et, comme partout en Orient, raccommodée avec de vieilles ficelles, craque et casse : pied à terre tout le monde ! Nous franchissons un canal, nous traversons des quartiers opulents, de belles rues, des places monumentales ; nous longeons des parcs fleuris aux grands arbres superbes où nichent des essaims de petits aigles. Nous prenons, à travers l'obscurité commençante, une longue rue droite, commerçante, presque européenne; nous détournons à gauche dans une voie boueuse, étroite, noire, bordée de masures et d'échoppes; puis à droite, dans un large et obscur passage voûté donnant dans une ruelle affreuse, longeant à gauche la spacieuse et blanche façade d'un immense bâtiment. Une porte grande ouverte donne accès dans une vaste cour. On nous entoure, on nous salue, on nous invite à entrer : nous sommes chez les *Frères du Caire,* à la maison de *Koronfich,* bel établissement dans un horrible quartier.

Naturellement un théâtre improvisé occupe le fond de la cour. Nous n'arrivons point les premiers, aussi la représentation bat-elle déjà son plein. L'orchestre rugit, les jeunes prodiges débitent avec conviction leurs tirades héroïques et chantent nos louanges en français colonial. Mon excellent ami, M. Chauveau, qui depuis la descente du *Poitou* a été une *mère* pour moi, me soustrait à ce sympathique tintamarre, me conduit à l'infirmerie et demande une chambre. Nous nous y reposons en attendant le souper,

Nous ne sommes plus ici chez les bons Frères d'Alexandrie, mais l'accueil est aussi amical,

De vastes dortoirs, divisés en compartiments par des rideaux de calicot grinçant sur des tringles; lits de fer entourés de l'inévitable moustiquaire se déchirant dès qu'on la touche; toilettes primitives, table ronde chancelante, jarre de grosse terre vaste et lourde comme une meule, amphore monumentale à demi pleine d'une eau limoneuse ; prie-Dieu de chêne hermétiquement clos au moins en apparence. Toutefois il manque quelque chose, comment achever?.. « Anges du Seigneur, » s'écriait Bossuet dans sa lutte épique contre Mme Guyon, « touchez mes lèvres d'un charbon ardent avant qu'elles formulent de telles choses ! » J'ose exprimer le même vœu. Il faut pourtant le dire : j'ai juré que mon récit serait une photographie. Que manque-t-il donc ? Vous l'avez déjà compris : un objet, une potiche, un inexpressible, un vase de Corinthe, dont le défaut, la nuit, se fait cruellement sentir, d'autant plus que les water-closets, peu attrayants, sont assez éloignés et sis à l'extrémité d'un balcon branlant et glacé. Je déplorais cet oubli le lendemain, au parc de *Giseh*, devant un de mes compagnons de pèlerinage, homme expert et malicieux : « Avez-vous regardé dans le prie-Dieu, me dit-il ? — Dans ?... — Oui, à l'endroit où l'on s'agenouille. — Pas possible ! — Voyez-y. Au retour, je m'empresse de vérifier, le fait était vrai : le prie-Dieu, nouveau cheval de Troie, recélait dans ses flancs la solution du problème !....

Samedi 26 avril.

Debout dès l'aube, la journée sera rude. Ce matin on visite la *citadelle du Caire* et le *palais de Giséh ;* ce soir, les *Pyramides* et le *Sphinx !* le présent et le passé.

La station des voitures est lointaine, le nombre insuffisant, le départ sera houleux : hâtons-nous pour trouver place. Il faudra sans doute appeler au secours les fameux ânes du Caire. On part cependant. Nous prenons le long boulevard de *Mehemet-Ali*, nous mettons pied à terre devant la vieille mosquée du *Sultan-Hassan* que nous admirons au passage. Nous voici devant la citadelle, œuvre des vieux sultans ayoubites, rebâtie par Mehemet-Ali. Nous franchissons la porte monumentale et suivons le chemin raboteux, malaisé, enclos entre deux lignes de murs défiants et farouches, qui mène à l'esplanade intérieure de la citadelle. Forteresse d'ancien régime, moyen âge : des murs cyclopéens, des meurtrières soupçonneuses, des bastions géants, des tours dramatiques, des assises monumentales : un chant de la *Légende des siècles*... qu'un coup de canon d'aujourd'hui réduirait en poudre. D'ailleurs position stratégique détestable, commandée de fond en comble par le long banc de rochers d'un jaune noirâtre, qui forme l'horizon en arrière de la ville. Mais qu'importe à la brave citadelle ? Elle n'est point dirigée contre l'ennemi du dehors, contre l'envahisseur : elle est tournée tout entière contre la ville et destinée à en comprimer les insurrections. C'est une forteresse de famille, d'intérieur, de guerre civile, de 14 juillet.

Le joyau de la citadelle, la merveille, le chef-d'œuvre, c'est la *mosquée de Mehemet-Ali*. La décrire, je m'en garderai bien : lisez plutôt l'*Itinéraire de l'Orient, par le Dr Isambert* (1), que m'a prêté mon savant ami M. Baillet, l'un des premiers égyptologues de France, et vous en saurez plus que moi... On y entre pieds-nus, ce que je me suis empressé de ne pas faire, et l'on demeure ébloui ! Des lambris d'onyx aux veines translucides, parcourant toute la gamme du clair obscur ; quatre énormes piliers carrés soutenant l'immense coupole, toute zébrée d'arabesques d'or sur fond de pourpre très sombre ; de petites fenêtres rondes closes de vitraux aux riches couleurs bleu, rouge, vert, jaune, idéalisant la lumière ; des tapis à grands

(1) Paris, Hachette, IIe partie.

ramages, des lustres, des lampes, tout l'attirail, le merveilleux, la féerie, le bric-à-brac étrange, futile et séducteur de l'Orient. Au coin à droite, le tombeau de *Mehemet-Ali*, entouré d'un carré de grillage doré, une chaire vert et or, un mirhab (sorte de petite abside ou niche orientée du côté de la Mecque et boussole de la piété musulmane) superbement décoré. — Quelle admirable église cela ferait ! disait les larmes aux yeux un bon prêtre de notre pèlerinage.

Il manque cependant quelque chose à ce splendide édifice. Il manque... Quoi donc ? Le reflet du passé, la patine du temps, l'empreinte des choses vues, des épreuves subies ; ce quelque chose d'achevé, d'auguste, de touchant, ce nimbe d'or ou ce voile de deuil que les siècles jaloux mettent au front des monuments anciens qui par leur long contact avec l'homme ont pris quelque chose de sa pensée, de ses sentiments, de son cœur, qui ont une âme !... La mosquée de *Mehemet-Ali* ne parle pas, elle est muette, indifférente et glacée : elle est trop jeune, qu'aurait-elle à raconter ? On ne peut dire d'elle ce qui fait le charme profond de la mosquée d'*Omar* à Jérusalem : *Sunt lacrimæ rerum !...*

La mosquée ouvre sur une large cour rectangulaire, dallée de marbre, avec cloître à superbe colonnade, et, au centre, une fontaine en forme de rotonde, sculptée à jour et abritée sous le parasol ciselé d'une sorte de pavillon.

Sans nous arrêter, ni au célèbre *puits de Joseph*, ni au *Saut*, plus ou moins authentique, *du mameluck*, avançons à la lisière extrême de la terrasse qui fait suite au cloître et, accoudés sur le balustre de pierre, considérons l'admirable panorama qui se déploie sous nos yeux. Le nouveau et le *vieux Caire*, avec leurs maisons amalgamées et populeuses; la ligne rompue des anciens aqueducs, bienfait à demi écroulé des vieux Sultans; le *Nil* sinueux et azuré ceignant la ville comme d'une ceinture; les *Pyramides*, les ruines lointaines de *Memphis* et le *Delta* d'Égypte fuyant vers la Méditerranée!...

Nous reprenons nos véhicules, un peu à l'aventure, au pied de la citadelle, et, après une halte interminable, nous roulons vers le palais de *Giséh*, à mi-chemin entre *Le Caire* et les *Pyramides*. C'est une rare faveur, paraît-il, d'obtenir l'autorisation de le visiter un samedi. Grand merci à *S. A. le Khédive!*

Nous traversons *Le Caire* dans sa longueur; nous laissons à gauche un petit marché démocratique; nous franchissons le large pont du *Nil*, croisant de nombreux chameaux au pas balancé, lymphatique, chargés de fourrage; nous prenons une interminable et poudreuse route, bordée de caroubiers perdant leurs feuilles, et nous nous arrêtons enfin devant la grille monumentale qui ferme le parc ombreux du palais de *Gisèh*, aujourd'hui converti en musée de l'ancienne Égypte, demeure de la mort et miroir du passé.

LE MUSÉE DE GISÈH, LES PYRAMIDES, LE SPHINX

Versailles d'un despote africain, moitié Louis XIV et moitié *Ménélik*, le palais de *Gisèh*, immense, luxueux et encore inachevé, dont la construction a coûté, dit-on, plus de 100 millions, se compose d'un ensemble de bâtiments carrés et à terrasses, se joignant à angles droits, et formant à l'intérieur une sorte de dédale de salles spacieuses, de cours, de cloîtres, et d'escaliers aux marches superbes. Il est construit en pierres d'un jaune rougeâtre, avec des galeries de bois peint, sculpté et doré. Le tout inscrit au milieu d'un parc ombreux, rafraîchi par l'eau du Nil, clos de murs et composé alternativement de vertes pelouses et de massifs d'arbres précieux. Les appartements de fête de l'ancien vice-roi sont magnifiquement décorés de rosaces, figures géométriques, fleurs peintes et rinceaux de feuillage d'or (1).

Mais tout cela, somptuosité mise à part, est banal, usuel, commun à tous les palais « du Kremlin à l'Escurial », et de l'Inde au Bosphore. Ce qui fait la singularité et le prix de ce royal édifice, c'est qu'il est aujourd'hui la nécropole des gloires de l'ancienne Égypte, le miroir de son passé, et qu'il renferme la plus belle collection d'antiquités égyptiennes qui soit au monde.

Il faudrait un volume pour décrire les richesses posthumes et les funèbres merveilles de ce musée, inestimable et savante accumulation de trésors, panégyrique de la vieille Égypte, renfermant sous ses vitrines et ses coupoles les dépouilles opimes d'un peuple disparu — le plus illustre de l'histoire avec le peuple juif — arraché à ses tombes mystérieuses. Il s'ouvre par la statue en basalte vert de *Chéphren*, le fondateur de la seconde Pyramide — on la copiait en ce moment pour un musée d'Amérique — et se clôt par les curieuses *momies* de l'*époque Ptolémaïque*, où l'effigie en relief et sculptée du défunt est

(1) D'après un renseignement que l'on vient de me donner, les portes sculptées, et les ornements extérieurs en terre cuite du palais de *Gisèh* auraient été exécutés par *M. Lanson*, sculpteur à Orléans, sur les plans et indications de M. Thorin d'Orléans, architecte à Paris.

remplacée par un simple portrait peint à la détrempe : fugitive et délicate image, plus durable que son modèle, antérieure à Jésus-Christ et victorieuse du temps.

Dans cette visite d'un si haut intérêt, nous eûmes pour *Cicerone* l'aimable et modeste Frère *Angelème de Jésus*, de la maison de *Koronfich*, un égyptologue hors ligne, consulté, dit-on, par tous les savants qui se rendent en Égypte, ami des Bédouins, vénéré par eux comme un oracle, et pour lequel les *hiéroglyphes*, paraît-il, n'ont plus de secrets, ni les *hypogées* du désert plus de mystères.

Mais la perle de ce superbe Musée, la merveille : c'est, sous la grande coupole, la salle royale des momies dévoilées. Là, sous des sarcophages de cristal, dans leurs cercueils découverts, au milieu de leurs bandelettes déroulées, se voient face à face, figés dans l'embaumement, rougis par la résine et les aromates, les *Pharaons* historiques, souverains des deux Égyptes et conquérants de l'Asie antérieure : *Ménephtah*, *Thoutmès*, *Hotèp*, *Séti*, *Ramsès*, etc., etc., et surtout *Sésostris*, le Pharaon légendaire, le *Sésostris* des Grecs, le *Ramsès II Meïamoun* des Égyptiens, le vainqueur des *Hittites*, le persécuteur des *Hébreux*. Quelle figure, quel nez d'aigle, busqué comme celui d'un Bourbon, quel col long et mince, quel air de commandement, quelle superbe et quelle majesté dans la mort!...

Voilà les maîtres du monde, les héros divinisés des premiers âges, devenus, dans leur tombe éventrée, le spectacle et l'enseignement des *Pèlerins de la pénitence*, fils intellectuels et religieux de ces misérables Israélites, accablés jadis par ces mêmes morts du poids implacable de leur tyrannique et sanguinaire dédain! Philosophie profonde, amère et consolante à la fois de l'histoire et des voyages!... Auprès d'eux, parfois, dorment leurs reines, les princesses de leur sang, parées dans la mort et belles dans le cercueil, gardant sur leurs traits immobiles l'empreinte de leur âme envolée, et le reflet de leur dernière pensée. Il me semble voir encore, à quelques pas du *Sésostris*, je ne sais plus quelle royale Dame, une jeune fille, morte à la fleur de l'âge, les yeux agrandis par la terreur, les dents entr'ouvertes, et conservant sur son pâle visage l'épouvante suprême et l'horreur finale de la dernière heure.

Dîner frugal sous les pins du parc de *Gisèh*. Chacun des pèlerins logés à *Koronfich* s'assit à l'ombre d'un arbre et reçut, par les soins un peu tardifs de l'excellent frère *Gervais-Marie*, supérieur de la maison de *Koronfich*, un petit paquet rigoureusement ficelé et renfermant un morceau de bœuf effroyablement dur, un autre de veau ou de mouton, une tranche de jambon humide et une rondelle de fromage au parfum insolent. Du pain bis, du vin jaune de force à griser le *Sphinx* complétaient ce petit festin, auquel il ne manquait que de l'eau pour être digne de... Pluton. L'eau, vivement réclamée, ne vint pas, nous dûmes en emprunter aux tuyaux d'arrosage amenant sur les pelouses du parc l'irrigation bienfaisante du Nil, toute pleine de son limon généreux. — Et les *microbes ?* — Les *microbes*, on s'en soucie bien en pèlerinage : qu'ils aillent se faire... photographier !

Après quelques avis fort utiles, donnés avec autant d'esprit que de bon sens, par le R. P. Bailly, sur les conditions de la visite aux *Pyramides* et la conduite à tenir vis-à-vis des Bédouins qui en détiennent les abords, nous remontons en voiture et roulons cahin-caha vers le plateau rocheux qui sert de base aux *Pyramides*.

Leur masse sombre, triangulaire et fatale, assise sur un long banc de rochers dominant la rive gauche du Nil, presque en face du *Caire*, sur la lisière du désert, grandit de plus en plus à travers le nuage de poudre qui s'élève de la plaine et entoure nos véhicules. L'approche de ces monuments tant vantés n'excite pas d'abord en nous grand enthousiasme, leur hauteur semble médiocre, leur ampleur surfaite ; la Tour *Eiffel* nous a gâtés. Nous laissons nos voitures au pied de la terrasse de rochers jaunâtres qui sert de piédestal aux *Pyramides*, à l'extrémité du long remblai sur lequel nous avons cheminé depuis le *Caire*, et qui, dit-on fut construit en 48 heures, par vingt mille hommes, pour l'impératrice Eugénie, lors de sa fantasque excursion en Égypte.

A droite, sur une première et inférieure assise du rocher poudreux, s'élève depuis quelque temps un hôtel anglais, — l'hôtel *Mena*, — fort bien aménagé, avec une large vérandah ayant vue de face sur les *Pyramides* et latéralement sur la grande plaine jaunâtre de la rive gauche du Nil (actuellement coupée par la route du *Caire*), où le général *Bonaparte* remporta sa célèbre victoire. « *Soldats, du haut de ces Pyramides, quarante siècles vous contemplent !...* » On a beau dire, c'est magnifique : voilà les paroles électriques qui galvanisent le soldat et hypnotisent la victoire !... Hélas ! héroïsme inutile et victoire superflue ! Les officiers Anglais, en casque de liège et élégants complets de coutil gris, flirtent sous la vérandah de l'hôtel, en savourant du thé et dégustant des coupes de vin de Champagne, avec les blondes *misses* en robe claire, aux doigts chargés de pierreries, au buste raide et mince, qui reçoivent leurs hommages d'un air à la fois précieux et ravi et en montrant, dans un sourire prude et charmé, leurs longues dents d'ivoire blanche.

Me voyant un peu abattu, et par la chaleur du jour et par la grande fatigue de la visite du palais de *Gisèh,* mon excellent ami, M. Chauveau, me fait servir une excellente tasse de café, et veut même y adjoindre un flacon de vin de Champagne. J'accepte le café, liqueur idéale qui ravive le cerveau sans l'opprimer, et je refuse le vin de Champagne trop vainqueur pour la débile santé d'un convalescent. Le nectar que je repousse est accepté par d'autres : M. Chauveau, généreux comme un prince, fait absorber sa coupe de champagne aux jeunes ecclésiastiques du pèlerinage, afin, dit-il, « de leur donner du jarret pour l'escalade des » *Pyramides* ». La tactique réussit : nos jeunes prêtres et moinillons se lèvent comme des lions et prennent d'assaut avec *furia* les degrés énormes qui mènent à la cime de la grande *Pyramide,* la seule que l'on puisse gravir, parce que, seule, elle a perdu en entier son luxueux et inaccessible revêtement de granit. Hélas! je dois me refuser ce même plaisir, mes forces alanguies trahissent mon ardeur et m'enchaînent au pied des colosses. Je dois me contenter, après avoir écrit quelques lettres aux miens sur un délicieux papier fourni par l'hôtel *Mena* et représentant les *Pyramides*, je dois me contenter, au déclin du soleil, de faire avec mon bon ami, M. Chauveau, qui me sert d'Antigone, le tour des *Pyramides* et du *Sphinx*, par le ravin caillouteux, la vallée déserte et tourmentée qui les enserre comme une circonvallation.

A mesure que l'on se rapproche des *Pyramides*, on les apprécie davantage. Elles sont bien plus étonnantes en tête à tête et de près que de loin. C'est le contraire des bâtons flottants : on commence par l'indifférence, on finit par l'admiration. Ce n'est pas tant leur hauteur, quoique encore fort honorable : 137 *mètres*, c'est surtout l'ampleur énorme, la masse, le développement gigantesque, le cube, l'aire de leur base, bien supérieur, ce semble, à leur hauteur, c'est l'immensité du triangle de blocs formé par la grande pyramide, justement surnommée par les anciens Égyptiens : la *Splendide*. Quelle masse, quel colosse, quel entassement, quelle vertigineuse accumulation de monolythes ; quelle somme de travail humain cela représente !... Et dire que, aujourd'hui, avec tous les moyens dont la science dispose, il serait peut-être impossible d'exécuter ce gigantesque massif, orienté, paraît-il, avec une précision mathématique et donnant par la comparaison de ses lignes, la relation de son périmètre avec sa hauteur, sa latitude, son poids, l'axe de son entrée et la projection de son ombre sur le sol, la solution mytérieuse des plus précieux problèmes d'astronomie, de mesure et de mécanique (1). Les Bédouins eux-mêmes, les Bédouins au cœur de pierre, mendiants, voleurs et dégradés, dont les huttes misérables de boue et de roseaux se cachent à quelque distance dans une déchirure du plateau, à l'ombre d'un maigre palmier, éprouvent confusément l'impression d'accablante grandeur produite par les *Pyramides*. « Nos ancêtres », disait le chef des Bédouins à l'un des ecclésiastiques du pèlerinage, « nos ancêtres, grande » race, bâtissaient avec de la pierre; nous, petite » race, nous bâtissons avec de la terre!... (2) »

Les *Pyramides* sont au nombre de *quatre*: deux *grandes* (3) et deux *petites*. Tout autour,

(1) *Les splendeurs de la foi* etc. par M. l'abbé Moigno, tome II, pages 618 à 650 (Paris, Blériot, 1877).

(2) Inutile de faire observer que les Bédouins en question ne descendent pas plus des anciens Égyptiens que le *Khédive* actuel n'est le petit-neveu des *Pharaons*.

(3) Voici, d'après les Égyptiens d'autrefois, les noms des trois principales Pyramides : la *Splendide*, fondée par *Chéops* (autrement dite « la demeure brillante de Choufou »); la *Grande*, œuvre de *Chéphren ;* la *Supé-*

de nombreux *pylones* de taille modeste, tronqués, démolis, mutilés, abattus, et formant comme un respectueux cortège, une cour déférente aux *Pyramides* monarchiques. Le plateau sur lequel elles s'élèvent est une *nécropole* : c'est le *Saint-Denis* de l'ancienne Égypte. *Pharaon* dormait dans son cercueil de porphyre, au fond de sa *pyramide* souveraine, entouré de sa Cour, de ses Grands, de ses femmes, de ses Officiers, pendant que son fantôme, que son *double,* était préservé des terreurs de l'*Amenti* par les formules magiques gravées sur les parois de son sépulcre, et gardé de l'anéantissement par la multiplication de ses images et les précautions minutieuses prises contre la découverte et la profanation de sa momie...

Plus ancien encore (1) et non moins étonnant que les *Pyramides*, le *Sphinx*, le grand *Sphinx* d'Égypte, énigmatique et grandiose personnification du Soleil-Levant et de la résurrection (2), devant lequel se sont arrêtés défiants, stupéfaits et sourdement hostiles tous les pèle-

rieure, bâtie par *Mencherès*, le *Mycérinos* des Grecs (*Brugsch-Bey*, *histoire d'Égypte*, pages 52, 55, 58, Conf. Perrot et Chipiez. *L'Égypte*, page 196).

(1) Brugsch, *Histoire d'Égypte*, pages 56, 57.

(2) Perrot et Chipiez, *L'Égypte*, pages 243, 326, — Brugsch, pages 56 et 57.

rins de Jérusalem, depuis Félix Fabri et Bernard de Breydenbach jusqu'à l'abbé de Binos (1).

Il s'élève actuellement du fond d'un entonnoir de sable et de rocher, d'un trou ou vaste bas-fond, et tient, dit-on, entre ses pattes informes, un petit temple d'albâtre et de granit noir ou rose (2), aujourd'hui recouvert par les sables et dont on distingue seulement la stèle supérieure en granit gris et couverte de pâles hiéroglyphes. Jugez de l'ancienneté de ce temple: il a été restauré par *Chéops*, le fondateur de la grande Pyramide qui vivait, dit-on, plus de trois mille ans avant Jésus-Christ. Déjà à cette date, le *Sphinx* et son temple étaient si vieux qu'ils avaient besoin de réparations urgentes!... De profil, le *Sphinx* ne dit rien du tout, mais, de face, il a incontestablement l'apparence de la figure humaine, avec vastes oreilles et nez aplati par une énorme cassure.

A quelque cinquante ou cent mètres de distance, vers le Sud-Est, nous visitons, sur les indications du R. P. Bailly, un temple souterrain, ruiné, à ciel ouvert, construit en blocs

(1) Voir notamment, *Les voyages du Seigneur de Villlamont*, pages 657, 658. (Deuxième édition, à Lyon, M. DCXIII. in-12.)

(2) Lenormant, *Histoire ancienne de l'Orient*, tome I, page 336. Paris, Lévy, 1869. 5e édition.

de granit rouge de cinq mètres de long, avec colonnes intérieures carrées, formées de deux blocs du même granit superposés et soutenant jadis le plafond de pierre aujourd'hui disparu (1). Les Bédouins assurent que, au-dessous du sol ou dallage rocheux de ce temple, passe un cours d'eau souterrain. Plus haut, presque au pied de la seconde des deux grandes Pyramides, un vaste puits carré, creusé dans le roc et ouvrant à fleur de sol (sorte de *columbarium*), montre, pratiquées dans ses parois, d'anciennes niches sépulcrales dont quelques-unes gardent encore des fragments de sarcophages. Pauvres morts! tant de soins, de frais, d'ingéniosité, de précautions savantes pour dissimuler leur tombe, cacher leur sépulture et assurer à leur fantôme (*double*) par la conservation indéfinie de leurs restes une crépusculaire et relative immortalité, et s'être vu ainsi brutalement arrachés à leur dernière demeure, à leur caveau de pierre, à la paix de leur sépulcre, à la garde hiératique de leur boîte de sycomore peinte et sculptée, et jetés au vent des profanations sacrilèges! Lisez dans M. de Vergoncey le curieux et triste récit de la découverte et du pillage des momies, par les Arabes et les pèlerins, dans

(1) Probablement le temple cité par Perrot et Chipiez, *L'Égypte*, pages 328 à 338.

les ruines de Memphis (1) encore si merveilleuses au XIIIe siècle, et qui excitaient alors l'admiration des historiens arabes (2).

On part. Sauf quelques véhicules cassés, le retour a lieu sans incident, grâce à l'active surveillance et à l'énergie du R. P. Bailly, du R. P. Alfred, du R. P. M.-Augustin et de notre ami Léon Dumuys qui passe sept heures à cheval pour surveiller et protéger, tant à l'aller qu'au retour, le défilé de nos cinquante voitures. Chemin faisant, nous rencontrons un convoi de forçats, menottes aux mains, l'air assez résigné, conduits par un piquet de soldats; un bataillon scolaire de la jeune Égypte, l'air arrogant et peu poli ; et de loin, près de la rive du Nil, nous apercevons le campement des *Soudaniens*, émigrés du Haut-Nil et établis provisoirement aux alentours du *Caire* par les soins des Pères Ingold, de *Karthoum*, dans le couvent desquels se trouvait Gordon, quand il fut tué par les sicaires du *Mahdi*. Ces pauvres gens ont froid, paraît-il, ils trouvent le climat du *Caire* bien boréal : ils grelottent sous leur lambeau de couverture et leurs huttes de roseaux.

(1) Vergoncey, *Le nouveau et dernier voyage de Jérusalem*, pages 190, 191 (A Paris, chez Simon Febvrier, MDCXXXIII, in-4°).

(2) Brugsch, pages 32, 33.

Dimanche 27 avril.

Mais nous ne sommes pas venus en Égypte pour évoquer l'ombre des *Pharaons,* ni demander au Sphinx le mot de son énigme...... qu'il ne sait peut-être pas lui-même. Nous sommes venus pour suivre le plus possible *les traces de Jésus Enfant.* Hâtons-nous donc, en ce beau dimanche, d'aller entendre la messe à l'*arbre de Matarieh,* station de la Sainte Famille, lors de son émigration forcée de Bethléem en Égypte.

Nous partons dès le matin, à pied, comme il convient à de pauvres pèlerins, nous traversons le beau parc de l'*Esbékièh,* et nous atteignons la gare. Les wagons de bestiaux font leur réapparition ; de longs bancs de bois, quelques montants vermoulus soutenant le plafond crevassé ; des flots de poussière : voilà le bilan. En retour, vue magnifique, surtout au début du parcours : les jardins de la banlieue du *Caire,* les plantations, les fermes modèles créées par les Européens, et, au fond, l'éternelle et sombre ligne de rochers qui ferme l'horizon et domine la ville, toute hérissée des ruines de l'ancienne enceinte, de vieilles tours rondes, supports d'antiques moulins-à-vent, et des coupoles délabrées des tombeaux des Khalifes.

Nous voici à *Matarieh,* gare isolée et triste au milieu d'un triste paysage jaunâtre et plat, à la fois poudreux et pierreux. Qui pourrait croire que, à un demi-kilomètre de ce désert, se dissimule un frais oasis comme le vaste et beau jardin de *Matarieh,* appartenant aujourd'hui aux RR. PP. Jésuites. Des lauriers roses et rouges, des orangers, des palmiers, des bambous, des bananiers aux larges et longues feuilles d'un vert clair, des fleurs de toutes nuances, et quelques champs cultivés. Au milieu d'une sorte de rond-point, l'*arbre de Matarieh* ou *arbre de la Vierge,* vieux sycomore à trois branches principales, soutenues par des étais et chargées de lettres et d'initiales, au feuillage un peu maigre et en forme de lance, au tronc énorme et blanchâtre, creusé de petits réduits où l'on a placé des autels sur lesquels on célèbre la messe (1).

On déploie la bannière, on forme cercle autour de l'arbre et l'on chante, alternant en deux chœurs, le chant simple, naïf et touchant du pèlerinage :

(1) Sur l'arbre de *Matarieh,* voir l'intéressante brochure intitulée : *L'arbre de la Vierge à Matarieh et la crypte du Vieux Caire etc., par le P. M. Julien S. J. Beyrouth, 1889, imprimerie catholique.*

« *Le voici l'Agneau si doux,*
» *Le vrai pain des anges,*
» *Du ciel il descend pour nous.*
» *Adorons-le tous !* »

Je reconnais la voix charmante de la marquise de Borda, qui a pris sous sa conduite un pauvre aveugle : M. du Buisson. Nous nous agenouillons sur des nattes défraîchies ; au-dessus de nous, le soleil flamboyant, le ciel bleu, tout autour, bon nombre de dames de la colonie européenne du *Caire,* de petites filles en robe blanche et ombrelles rouges, fleurs animées, et derrière les arbres, beaucoup de figures basanées qui nous regardent curieusement.

C'est la fête du patronage de saint Joseph, aussi un éloquent Dominicain de la maison de Toulouse, le R. P. Savignol, nous fait-il un fort beau sermon sur saint Joseph, où il nous démontre qu'il a eu à la fois la *puissance* et l'*amour.*

A la fin de la messe, le R. P. Supérieur des Jésuites de *Matarieh,* qui ne paraît pas timide, prend la parole et nous fait d'une voix sonore l'histoire de l'arbre de *Matarieh* et du monastère qui y était annexé. « C'est ici, dans ces » jardins, que jadis les empereurs Romains et » plus tard les Khalifes cultivaient avec un

» soin jaloux le *Baume* (1), cette plante mer-
» veilleuse qui faisait l'honneur de la plaine
» de Jéricho, transplantée en Égypte, par Cléo-
» pâtre et aujourd'hui disparue. C'est ici que
» s'élevait l'ancien monastère de *Matarieh*,
» gouverné, sous Julien l'Apostat, par saint
» Apollinaire. L'arbre que vous voyez est bien
» le vieux sycomore qui s'entr'ouvrit pour
» recevoir dans son sein la Sainte Famille, et
» abaissa son feuillage pour la protéger. Toute-
» fois, l'arbre lui-même est mort, il y a deux
» cents ans : celui-ci est un rejeton sorti de
» l'antique racine. Cette source que vous aper-
» cevez à cinquante pas d'ici, et dont un cheval
» amène l'eau à la surface de la terre, est la
» la source même qui jaillit aux prières de
» l'Enfant Jésus (2). A la suite des temps,
» elle s'est peu à peu enfoncée dans le sol,
» longtemps elle s'est perdue, puis elle a
» reparu. »

Ceci dit, il nous convie gracieusement à un petit déjeuner sommaire sous une tonnelle, composé de ronds de saucisson, pain et café,

(1) *Discours du voyage d'outremer au Saint-Sépulcre de Jérusalem* etc. par Gabriel Giraudet, pages 123 et 126. (A Roues, 1604.)

(2) *Le Huen, Le grand voyage de Jérusalem, feuillet LXXV verso*. (édition de 1517, in-4.)

assaisonné de bonne grâce de sa part et de reconnaissance de la nôtre.

Cependant un superbe officier khédivial, fez rouge à gland bleu, tunique blanche et grande épée à fourreau d'acier, met flamberge au vent et, d'un sourire satisfait, abat tout un rameau de l'arbre fatidique. Il en distribue des feuilles, j'en obtiens une si belle branche que, quelques instants après, le supérieur des Jésuites me rencontrant mon trésor à la main crie *au meurtre, à la profanation!* Je lui explique que je ne suis qu'un donataire; un coup d'œil circulaire jeté à la ronde lui fait facilement reconnaître le vrai coupable qui, appuyé sur son épée, le regardait en souriant, et il coupe court à ses clameurs.

— Ceux qui veulent visiter l'obélisque d'*Héliopolis*, par ici!... Tout lé monde, ou à peu près, veut saluer l'obélisque national. On quitte avec un soupir les beaux jardins, on rentre dans la plate et jaune campagne; on suit un chemin assez large, bordé d'arbres chétifs, encadré entre deux petits remblais de terre; de chaque côté, de maigres champs de blé et de trèfle, avec des rigoles d'irrigation desséchées. Enfin, le chemin se détourne à angle droit et, à l'extrémité, au milieu d'une sorte de rond-point poudreux, se dresse l'obélisque rose d'*Héliopolis*. Au-delà, sur la droite, des espèces de *tumuli* ou dunes artificielles recouvrant les ruines ensevelies de l'antique *Héliopolis*, la *ville du soleil* où, tous les cent ans, le *Phénix* venait s'abattre du fond de l'horizon empourpré pour s'incendier lui-même sur son bûcher de myrrhe et d'encens, et renaître peu après de ses cendres, image consolante de l'immortalité !

L'obélisque est de médiocre hauteur : la plus grande partie de son fût (25 pieds dit-on) est cachée sous le sol exhaussé par les siècles. Les essaims de guêpes ont incrusté les cartilages grisâtres de leurs cellules, dans le creux des hiéroglyphes, où l'on reconnaît encore le hibou, représentation de la lettre *M*.

Tout autour, le champ de bataille d'*Héliopolis*. Sur les dunes voisines, le grand Vizir *Youssouf* avait placé sa grosse artillerie ; entre les dunes et l'obélisque, muet témoin de tant de gloires disparues, il disposa les masses profondes de sa nombreuse infanterie, et les escadrons dorés de ses superbes cavaliers. *Kléber*, débouchant avec sa petite armée du village de *Matarieh* qu'il vient d'enlever, marche baïonnette au canon sur les quatre-vingt mille Turcs du grand-Vizir, assistés de quelques officiers anglais. La victoire aux ailes de pourpre, son laurier d'or à la main, flotte incertaine au-dessus des deux armées... On connaît le reste.

Patriotiques et nobles souvenirs ! Pour les effacer, les aimables Anglais sont en pourparlers pour acquérir l'obélisque, et le traîner en exil aux bords nébuleux de la Tamise. Pèlerins de Jérusalem, considérez bien l'obélisque d'*Héliopolis* et retournez-vous pour lui dire adieu, vous ne le reverrez probablement plus !

On revient à la gare par le même chemin, mais en laissant à main droite, sans l'apercevoir de nouveau, le ravissant oasis de *Matarieh*. Comme le train n'est point à nos ordres et pas encore disposé à partir, on propose d'aller visiter le parc aux Autruches, l'*Écouen* de ces aimables oiseaux, vraies demoiselles de Saint-Cyr, curieux établissement fondé, il y a quelques années, par un Suisse. On en voit de tout âge, et de toute grandeur, depuis les bébés de trois mois jusqu'aux superbes volatiles grands comme père et mère. Ces jeunes personnes sont élevées avec beaucoup de soin comme des filles de bonne maison; chaque âge a son quartier spécial, sa petite cour avec grillage de fer, son petit domicile à toiture de tuiles rouges. Les unes sont encore parées de leur plumage, les autres en sont entièrement dépouillées et agitent les moignons charnus et dégarnis de leurs ailes; d'autres enfin, depuis plus longtemps dépossédées, commencent à voir reparaître les touffes frisotées de leurs plumes renaissantes. Elles passent leur tête plate et triangulaire à travers les barreaux de leur cage pour solliciter du pain ou des friandises ; mais attention, bons pèlerins, de solides coups de bec seront la prompte récompense de votre imprudente charité. N'est-ce pas là d'ailleurs la loi générale ? Une des attractions de ce curieux et spécial établissement, c'est la *couveuse artificielle*. La température, bien que torride pour nous, n'est pas encore assez brûlante pour l'éclosion de ces œufs de géant. On les met dans une espèce de four en briques, chauffé thermométriquement et les œufs viennent à point et à bien. Mais ce n'est encore là que l'*éclosion*, quand donc sera-t-on arrivé à la *génération* artificielle, impersonnelle et scientifique, et surtout quand l'aura-t-on appliquée à la pauvre humanité ?

A la sortie, de braves employés débordés, affairés et avides, ne sachant à qui entendre, vous vendent à beaux deniers comptants la dépouille toute fraîche de ces intéressants bipèdes, mélancolique et bizarre débris de l'ornithologie préhistorique. J'en achète une des plus belles pour ma petite fille, et Dieu sait l'embarras que me donne ce trophée durant toute la durée du pèlerinage !

Nous revenons déjeuner à *Khoronfich*, car la petite réfection de *Matarieh* n'a été qu'un apéritif : que voulez-vous, au pays des Autruches !... à nos côtés, entre le P. Bailly et moi, vient s'asseoir le bel officier khédivial, qui si délibérément nous a abattu un si large rameau de l'arbre de *Matarieh.* Présentation réciproque : on cause, c'est un homme charmant, Anglais par son père, ancien ambassadeur à Constantinople, Français par sa mère, et petit fils de Mme Honoré de Balzac, morte à Bordeaux, le 31 décembre 1889 (1). Il est *Capitaine inspecteur de la police du Caire,* et porte sur sa poitrine une magnifique décoration en diamants, suspendue à un ruban rose et vert, que le sultan lui a remise de sa propre main, décoration fort rare et qui, paraît-il, ne se confère plus. « L'amour des décorations m'a perdu, » nous avoue-t-il, avec une mélancolique philosophie. Il est, nous dit-il, « Turc de cœur : » que leur voulez-vous à ces gens-là, que vous » font-ils, ils vous laissent bien tranquilles et » l'Europe ne songe qu'à leur enlever bribe » à bribe toutes leurs provinces et surtout » Constantinople ? Eh bien, rappelez-vous mes » paroles : Constantinople ne sera abandonnée » par les Turcs, qu'après en avoir fait un » désert !... »

(1) Je tiens à donner ici le nom de cet aimable officier, et à lui adresser mes meilleurs souvenirs. Il se nomme : W. *Sydney Churchill.*

Le déjeuner croqué, notre ami le bel officier nous emmène, les deux PP. Dominicains, le P. Marie-Augustin, M. Chauveau et moi, à quelques pas de *Koronfich*, à l'extrémité de la même rue, dans une vieille maison maussade et nue, local spécial où, nous dit-il, il nous montrera quelque chose de rare et que peu de pèlerins ont vu. Nous entrons. Partout, au rez-de-chaussée, au premier étage, deux rangées d'hommes en turban, nu-pieds, accroupis face à face devant des espèces de métiers à tisser, l'air réfléchi, grave, presque religieux, piquant dévotieusement avec de longues aiguilles des carrés de soie de couleurs éclatantes et y traçant, avec des fils d'or pur et d'argent, des méandres exquis et des caractères arabes hauts d'un demi-pied. C'est l'art de l'Orient, avec ses procédés primitifs pris sur le fait, sa main-d'œuvre routinière, tardive, mais si habile et d'une si admirable et scrupuleuse patience. Ces ouvriers sont des musulmans purs et purifiés, devenus tous myopes à force de minutieux travail ; ils exécutent avec une sorte de solennité un ouvrage d'ordre essentiellement religieux. Ces carrés de soie, les uns noirs, les autres pallés de noirs, rose vif, rouge et vert clair, merveilleusement brodés au petit point d'or et d'argent en relief, sont destinés par leur assemblage, nous dit le brillant officier,

» à couvrir le tombeau de la maison de Dieu » à La Mecque, sous la protection du grand » Scheick Hibrahim » (textuel). Ce tapis de soie se composera de quatre morceaux très longs de un mètre de hauteur, d'une richesse extraordinaire, il formera « le carré de la chapelle du tombeau. » Il y aura en plus la couverture du dôme: on l'exécute dans une salle voisine, elle est en poils de chameau, brodée de soie, revêtue d'or et d'argent : l'argent formant sur le fond plus large du dessin d'or des arabesques en relief. Le tout coûtera dix mille livres égyptiennes. C'est un présent annuel que le gouvernement khédivial envoie comme hommage à *La Mecque;* il est exécuté dans le même local par des ouvriers, toujours les mêmes, en renouvelant seulement ceux que la mort a frappés. A l'arrivée du nouveau tapis, l'ancien est découpé en morceaux qui sont vendus à prix d'or aux bons pèlerins musulmans. C'est une grande faveur que l'on nous fait de nous conduire ici et de nous montrer, à nous autres chiens de Chrétiens, un travail religieux, presque sacré et exclusivement musulman. On nous recommande de marcher soigneusement entre les deux lignes de métiers, sur le tapis, et de ne point toucher, de ne point même effleurer les voiles de soie. Au début, les ouvriers nous regardaient même d'assez mauvais œil, mais en voyant notre admiration pour leur talent, en recevant nos éloges appuyés d'un solide *bacchich*, ils prennent, tout en ne comprenant pas un traître mot de français, un air ravi et nous saluent amicalement au départ.

Au bas de ce même local, dans un rez-de-chaussée humide et sombre, notre guide nous fait remarquer un ancien bobinage en bois sculpté, destiné au tissage du fil de soie pour la confection du tapis. C'est le tissage antique par pédales et poids en pierre, inscrivant sur fond noir les caractères arabes en noir, lesquels seront ensuites brodés à la main en or et en argent. C'est l'art primitif, bien supérieur comme richesse et fini d'exécution à nos procédés mécaniques et à prix réduits, mais impossible à réaliser dans des pays comme le nôtre où la main d'œuvre est si dispendieuse, où le temps est de l'argent.

Pendant que le surplus du pèlerinage se morfond pieusement à une interminable représentation théâtrale chez les bons Frères de *Koronfich*, et ensuite à une non moins éternelle conférence de Saint-Vincent de Paul, où notre ami M. Ludovic des Francs fait merveille par son éloquence, nous prenons deux voitures, M. Chauveau, les Dominicains, le P. Marie-Augustin et moi, et, sous la conduite de notre ami l'officier, nous allons visiter *Le Caire*. Course échevelée de plus de six heures, mais bien curieuse : une vraie lanterne magique, une revue d'opérette, le fantastique personnifié.

Le *Bazar*, avec ses ruelles étroites, tortueuses, recouvertes de nattes, lambeaux et loques de toute sorte pour intercepter les rayons du soleil ; ses escaliers noirs, gluants et perfides, menant à on ne sait quels coupe-gorge ; avec ses marchands juifs à l'air débonnaire et paterne, à l'œil fourbe, vous mettant entre les bras et presque sous le nez des tapis d'Orient, des schalls, des carrés de soie aux couleurs vives brodés d'or, des foulards transparents, des urnes et lampes antiques, des scarabées faux, de petites idoles bleues et de jolis colliers de pierre dure à la taille rudimentaire, dont ils vous demandent dix fois la valeur ; petites mendiantes coptes, quelques-unes déjà grandelettes, tendant leur tambourin pour solliciter une aumône et la payant de leur jeune et clair sourire découvrant leurs dents éclatantes ; changeurs de monnaie, immobiles comme le destin derrière leur comptoir encombré de piécettes ; vendeurs de fruits, de vêtements, de plats de cuivre et d'étain, de pipes, oripeaux, bijoux, poteries etc. : les *mille et une nuits* au rabais (1). Quelle fête pour les amateurs de bibelots, mais gare à la tricherie !

Les *tombes des Khalifes* (2), hors de la ville, dans une vallée poudreuse, nue, désolée, perdue entre deux contreforts, et comme au fond d'une rainure des rochers d'un jaune noirâtre qui dominent la ville. Admirables petites mosquées ogivales, en forme de cube dominé par un ou même quelquefois deux dômes sculptés surmontés d'un croissant énorme et flanqués de minarets sveltes comme des roseaux, avec balustrade à jour à demi croulante. A l'intérieur, des galeries, des cloîtres, des colonnes, des sentences du Coran ciselées sur les murs, des restes de peinture à fresque, des cloisons de bois finement découpées, et, sous la coupole, des mausolées encore vivants, c'est-à-dire hantés par leurs morts. Remarqué notamment les tombes de *Kaï-bey* et de *El-Barkouk*, de son fils et de son petit-fils.

(1) L'aspect du *Caire* a toujours excité l'admiration des Pèlerins de Terre Sainte, voir notamment : *Le Huen, Le grant voyage de Iherusalem*, fueillet LXXV ij verso : *Et me semble que soubz le ciel na point si grande cite si riche si populeuse si puissante comme est le Caire babyloine.* — Henry Castela, *Le sainct voyage de Hierusalem et mont Sinay, faict en l'an du grand Iubilé 1600*, pages 396, 397, 406, 410. (A Bordeaux, M. DCIII.) — *Les voyages du seigneur de Villamont*, pages 641 à 653.

(2) Ou plutôt des Sultans mamlouks.

Nous entrons au *Cimetière des chrétiens :* des tombes de marbre assez belles, mais en mauvais état, des buissons, des touffes d'arbustes portant des gerbes épanouies de superbes fleurs jaune d'or avec long pistil rouge. Ici une tombe grecque assez ancienne; là le cimetière spécial des francs-maçons; plus loin, le nouveau cimetière en préparation. Pourquoi notre guide nous fait-il arrêter devant cette tombe de marbre blanc, plate, et qui n'a rien de bien remarquable?... Lisez, nous dit-il :

Albin Freiherr Vessera
Gestorben in Cairo.
14 november 1887.

Là repose le père de la célèbre *baronne de Vessera*, cette tragique jeune fille dont la funeste beauté causa la mort énigmatique et violente de l'archiduc Rodolphe. Il paraît que ce Monsieur s'est fait descendre dans la tombe, dans un costume splendide, d'une richesse fabuleuse, en habit de cérémonie tout constellé de croix et de diamants.

Quel est cet horrible amalgame de huttes, de masures, de champs poudreux et déserts, de quartiers immondes, dominés par de hautes dunes jaunâtres en terre rapportée, mêlée d'éclats de poterie? Ce sont les ruines du *Vieux Caire*, l'emplacement et les débris de l'antique

Babylone d'Égypte, si renommée parmi les historiens des Croisades et les anciens pèlerinages, si étrangement confondue par eux avec la vraie *Babylone*, la *Babylone* d'Euphrate et de Mésopotamie. Là vécurent les superbes Khalifes, les *Fatimites* (1) au turban blanc (2), successeurs d'Ali, le disciple bien-aimé et le gendre du Prophète; là, le dernier d'entre eux, *El-Aded*, fut détrôné, en 1171, par le fameux Saladin.

Nous mettons pied à terre, nous traversons presque à pied sec le lit aux trois quarts desséché d'un canal, nous remontons la berge opposée et franchissons un dédale de ruelles, masures et jardins aux lauriers-roses épanouis. Nous voici à l'extrémité d'une sorte de cap, de promontoire, de presqu'île étroite et longue, terminée par une terrasse enclose entre le canal et le Nil. Sur notre droite, presque à nos pieds, s'ouvre un vaste puits carré, profond, avec niches ogivales au bas des parois, divisé en deux sections par une colonne avec long support, émergeant de l'eau vaseuse. C'est le vieux *Nilomètre de Bonaparte*, solitaire et dernier témoin de notre victorieux et éphémère séjour en Égypte; on voit encore les coudées françaises marquées par des lignes en relief.

(1) *Ou Fatémides.*

(2) *Historiens Orientaux des Croisades*, tome I. page 766.

Sur notre gauche, un palais délabré, sorte de villa sans caractère, de pierre, plâtre et bois, avec grande vérandah tout ouverte, peinte en rouge pâli et donnant d'un côté sur le jardin intérieur, de l'autre sur le cours du Nil. Ce palais, célèbre naguère par ses orgies, a été, nous dit notre guide, la *Tour de Nesle* du *Caire*.

....

Aujourd'hui, le palais est abandonné, silencieux et désert, mais ce qui demeure, c'est la vue délicieuse du balcon de la terrasse, sur le Nil azuré, l'île verdoyante de *El-Raoudah*, et les *Pyramides* énigmatiques. Éternelle et toujours souriante beauté de la nature, indifférente aux joies et aux douleurs humaines !

LE QUARTIER COPTE ; LE COUVENT DE SAINT-SERGE ET LA DEMEURE DE LA SAINTE FAMILLE AU VIEUX-CAIRE.

Lundi 28 avril.

Et dire que bon nombre de pèlerins, notamment les sybarites de l'Hôtel-Royal (1) ont pris ce matin sans bruit le train express

(1) A l'arrivée au *Caire*, un groupe de pèlerins avait demandé des billets de logement pour l'Hôtel-Royal, se défiant, bien à tort, du confortable de l'hospitalité des bons Frères, à *Koronfich*.

d'Alexandrie, sous ombre de parcourir cette ville d'hier, proie des Anglais, sans intérêt, sans âme et sans monuments, sauf la *Colonne de Pompée* (érigée par une ombre de proconsul en l'honneur de Dioclétien) et qu'ils ont ainsi volontairement perdu la plus exquise et charmante pérégrination qu'il soit possible de faire, l'un des principaux buts de notre station en Égypte : *la maison habitée par la Sainte Famille durant les cinq années de son séjour en Égypte.*

L'arbre de *Matarieh*, avec son ombre généreuse et sa source bienfaisante, n'était qu'une halte, un repos, et comme un soupir de soulagement durant ce long et rigoureux voyage, précurseur du Chemin de la Croix. Repoussée d'*Héliopolis*, dont les temples s'étaient d'eux-mêmes fermés devant elle, la Sainte Famille, pour gagner sa pauvre vie, dut s'établir dans l'un des faubourgs (1) de la grande ville la plus prochaine : *Memphis*. Son obscur et étroit

(1) Ce faubourg, situé sur la rive droite du Nil, tandis que *Memphis* était assise sur la rive gauche, presque en face et à une heure au moins de marche vers le Sud, était très probablement l'ancienne ville de *Misr* ou *Babylone d'Égypte*, citée par Strabon (*Géographie*, XVII, 30, 31) et prise, après un long siège, en 640, par l'armée arabe d'*Amrou*. (Lebeau, *Histoire du Bas-Empire*, édition Saint-Martin, tome XI, livre LVIII, pages 277 à 280. Paris, Didot, M. D. CCC. XXX.)

domicile, toujours reconnu et affirmé par la tradition, forme aujourd'hui la crypte touchante et vénérée de la jolie église *Saint-Serge*, sise à l'extrémité du pauvre quartier *Copte*, par delà le *Vieux-Caire*.

Bien curieux ce quartier *Copte*, le bazar surtout. C'est une réduction, une dégradation de celui du *Caire*, en petit et en laid, une sorte de *Ghetto* misérable en baraques de bois, divisées par une longue rue et recouvertes par en haut de nattes déchirées, de roseaux, de loques lépreuses. On n'y vend que des infiniment petits : les cinq sous du Juif errant suffiraient à tout acheter.

Quittons nos véhicules. Nous voici devant le village copte de *Saint-Serge*, tapi derrière les murs inaccessibles d'une ancienne forteresse romaine, flanquée d'énormes tours rondes. Une porte basse, à demi souterraine, s'ouvre au pied du rempart ; on y accède par une descente rapide, sorte de bas-fond encaissé entre la muraille et un haut remblai. On la franchit tête baissée, et l'on pénètre dans un inextricable et spacieux enchevêtrement de ruelles tortueuses, de cours étroites et de maisons plates, renfermant, dit-on, quinze chapelles antiques. L'une de ces chapelles, celle de Sainte-Marie, conserverait, dit la légende, la chaire authentique de Saint-

Athanase. Il faudrait deux jours entiers pour visiter ce curieux ensemble.

Après maints détours, on arrive à l'église épiscopale de *Saint-Serge*, œuvre de sainte Hélène et propriété aujourd'hui des Coptes schismatiques. Ces pauvres gens ont mis gracieusement leurs autels à la disposition du pèlerinage français et se sont parés pour nous recevoir. Dans la petite cour, une manière de bedeau ou d'appariteur, en jupon rose et veste soutachée, nous salue d'un geste gracieux ; à l'entrée, un vieux pope, moitié mendiant et moitié curé, robe noire et turban, gravement assis devant une table de bois chargée d'un bassin vert rempli de dragées blanches et roses, nous désigne d'un regard énergique un second plat d'étain disposé pour nos oboles : chacun y laisse tomber sa piécette. A côté, une seconde table avec des rafraîchissements préparés pour nous. Enfin, à la sortie, l'évêque debout, flanqué de ses acolytes, reçoit et rend aimablement nos saluts, préalablement dorés sur tranche par le R. P. Bailly.

L'église, ou plutôt chapelle bysantine de *Saint-Serge*, dessine un large et court rectangle, avec porte latérale, terminé en face par une abside semi-circulaire, et en arrière par une profonde tribune grillée. Sur le tout, une vaste toiture triangulaire avec traverses et pendentifs. Trois nefs : une centrale plus spacieuse ; les deux latérales très étroites, séparées de la grande par des ogives hautes et aigues retombant sur de belles colonnes antiques en marbre précieux et à chapiteaux corinthiens, dépouilles des temples païens. Une deuxième série de charmantes colonnes plus petites, tordues en spirale et reposant sur le tailloir des premières, supporte le faîte et est engagée dans une ligne parallèle de galeries se faisant face au-dessus des ogives de la grande nef et closes d'un mur blanchi à la chaux, percé de rares lucarnes grillagées de bois. Des têtes de femmes curieuses et sombres se pressent, nous regardant avidement, derrière ces étroites ouvertures. La nef de droite se termine par une petite abside arrondie fermée d'un voile rouge ; la nef de gauche se clôt par un mur carré revêtu de vieilles boiseries plaquées d'ivoire.

Un treillis de bois découpé à jour, en forme de jubé, surmonté d'une série d'icones à fond d'or, sépare la grande nef du chœur. Ce chœur ou abside, médiocrement spacieux, renferme une sorte de pavillon ou édicule carré formant tabernacle, avec dôme blanc, ouvertures ogivales sur les côtés et figures enluminées. D'anciennes inscriptions sont peintes sur les traverses de bois de cet édicule. La paroi du devant, à laquelle est adossé l'autel principal, est en bois sculpté, colorié et incrusté de nacre.

Mais ce n'est point encore là la vraie demeure de la Sainte Famille. Pénétrons dans la crypte: un double escalier fort sombre et fort raide, ouvrant de chaque côté du chœur de l'église supérieure, va nous y conduire. Nous y voici... Une miniature de basilique: trois petites nefs sans ouverture, mais étincelantes de cierges ardents, séparées par quatre colonnes de marbre antique (dont l'une en spirale) avec chapiteau treillissé soutenant la retombée d'étroits arceaux à plein cintre. Une voûte écrasée, presque plate, formée, dit-on, de briques et pierres qu'une sorte d'enduit ne permet pas de distinguer. Point d'abside: les trois nefs vont se briser contre le mur de face (peut-être le roc). Seule la nef du milieu, un peu plus large, se prolonge en une sorte de bouche de four, pratiquée à mi-hauteur dans le roc, toute noircie du feu des cierges et incisée de caractères coptes ou arabes. Ce réduit sert d'autel principal: c'est là qu'on célèbre la messe. Les bas-côtés ont aussi chacun leur petit autel en bouche de four, mais évidé, non pas dans la façade du fond, mais dans les parois latérales.

Un puits s'ouvre dans le sol de la nef de droite: c'est le *Puits de la Vierge*. Nous sommes bien cette fois dans la vraie demeure de la

Sainte Famille. Là, dans cette chétive habitation, à demi souterraine, mais alors presque à fleur de sol et recouverte depuis par des éboulements successifs, le bon saint Joseph façonnait sa menuiserie et gagnait laborieusement la vie du pauvre ménage. L'Enfant Jésus, aimable et grave, croissait en âge, en grâce et en sagesse, souriant à sa mère et s'esseyant au rabot de son père ; et la Sainte Vierge, calme, mélancolique et silencieuse, mais entrevoyant avec épouvante au fond de sa pensée les horreurs du Calvaire, pleurait tout bas et retirait loin des regards son exquise et virginale beauté. On montre encore dans la crypte le lieu où, dit-on, elle lavait de ses belles mains blanches les langes de l'Enfant Jésus. Quelle adorable tradition pieusement saluée par les siècles, et combien j'aime mieux l'accepter avec confiance et la savourer, pour ainsi dire, que de la discuter jalousement !

Il nous reste quelques instants avant le départ ; malgré le soleil et l'ardente poussière, fuyons vers la vieille mosquée d'*Amrou*. On sait que cet *Amrou*, général du khalife *Omar*, conquit l'Égypte en 640, grâce à la connivence du patriarche *Cyrus* et à la lassitude des populations indigènes outrées des exactions bysantines.

La mosquée qui porte son nom, et fut construite par lui comme trophée de sa victoire, est une immense halle rectangulaire, presque aussi large que longue et pouvant contenir tout un peuple, précédée d'un vaste cloître sur lequel elle ouvre de plain-pied, sans porte, et divisée en six nefs parallèles par de hautes ogives soutenues par une forêt de colonnes antiques aux chapiteaux curieusement ouvragés. Sur le sol, de larges dalles à demi rompues; à la cime des ogives, un plafond plat en bois comme celui d'un grenier. Sur le tout, une ample toiture triangulaire en forme d'accent circonflexe surbaissé. Le *mirhab*, presque au milieu du grand mur de fond (faisant face au cloître), consiste en une simple niche ogivale flanquée de deux colonnettes antiques d'un galbe très pur, engagées dans la maçonnerie. A l'angle sud-ouest, le tombeau d'*Amrou*, sarcophage de bois enclos dans un petit édicule de bois sculpté et découpé à jour. Tout est simple, primitif, sans ornement, presque grossier; mais combien cette simplicité noble et historique, contresignée par les siècles, est supérieure à la futile, moderne et muette somptuosité de la mosquée de Méhémet-Ali!...

La mosquée occupe tout le côté ouest, faisant face à la porte d'entrée d'un immense cloître rectangulaire, au pourtour garni de fûts de colonnes antiques en gros granit d'un gris pâle.

Nombre de ces colonnes ont été, durant le cours des siècles, enlevées par les sultans mamlouks pour en décorer leurs édifices; plusieurs sont encore gisantes au dehors et à moitié recouvertes de terre. Au centre du cloître, un édicule polygonal, destiné aux ablutions musulmanes, éclairé par des fenêtres rondes et renfermant un puits. Dans un angle, des ruines d'où s'élancent de maigres palmiers. La porte d'entrée ogivale à la manière arabe (c'est-à-dire étranglée à sa base par une sorte de double crochet), est surmontée d'un haut minaret carré. Debout, sous l'ombre de la voûte, adossés contre les murs, l'air farouche, le regard noir, des Arabes, immobiles dans leur abayeh marron rayé de blanc, images vivantes de la paresse et du fanatisme oriental, murmurent sur notre passage, d'un air de menace, le mot éternel de l'éternelle misère humaine: *Bacchich!*

Nous revenons au pas de course. Les voitures ne sont pas encore tout à fait toutes parties; notre petit groupe trouve encore moyen de se caser. Nous rentrons à *Koronfich:* déjeuner rapide, adieux émus aux chers Frères et retour à *Alexandrie,* à travers le Delta d'Égypte, par le même train, patache et tardigrade et les mêmes wagons inflammables et poudreux. On embarque immédiatement: il faut être sorti du port avant cinq heures, sous peine d'y être retenu jusqu'au lever du jour. Or, demain, à l'aube, nous devons être à *Caïffa*, en *Terre Sainte!*

EN TERRE SAINTE

Mardi 29 avril. — Mardi 29 mai, 7 h. du matin.

« Débarquement à *Caïffa*, demain matin » vers 4 h. 1/2, surtout pas de retard », nous avait dit, dans sa sagesse, la prévoyante Direction. Aussi, dès le réveil, je monte sur le pont! Nuit profonde et silence absolu...! quelques pèlerins dorment sur le tillac, du sommeil de la vertu. Je pourrais dire avec le bon Calchas:

« Mais tout dort, et l'armée, et les vents, et Neptune! »

Évidemment l'heure m'a trompé : j'ai eu le tort de prendre deux heures pour quatre. Mais pourquoi redescendre dans ma triste cabine! malgré le froid assez vif, demeurons sur le pont et jouissons enfin du spectacle tant vanté d'une nuit d'Orient et des approches émouvantes de la *Terre Sainte* : « *L'apparition de la » Terre Sainte,* » disaient les vieux pèlerins (1).

La mer sombre et alanguie clapote douce-

(1) *Lehuen*, feuillet XIIIJ.

ment sur les flancs du bateau ; le ciel presque noir scintille de poudre d'or; en face, tranchant par sa noirceur plus profonde et plus crue, une ombre compacte, épaisse, couronnée à son extrémité de droite par un feu immobile. Il n'y a pas à s'y méprendre: c'est le *Carmel*, le *Carmel* dans la nuit, la montagne biblique, la montagne à l'antique oracle, qui prédit l'empire à Vaspasien ; mais, ô candeur! j'ignorais l'existence de son phare.

Cependant les teintes mollissent, quelque chose d'indéfinissable, une détente, une éclaircie générale annonce la venue du jour. Le bleu du ciel pâlit, la mer foncée s'azure, les étoiles semblent se retirer, le noir de la montagne devient verdoyant, des points de feu en tiquettent la base : c'est la ville de *Caïffa* qui s'éveille. Enfin, le ciel s'argente doucement, tout prend figure et commence à se discerner.

A droite, au-dessus du phare, sur une cime plus haute, se distingue maintenant un vaste bâtiment rectangulaire d'un blanc jaunâtre surmonté d'une coupole : c'est le célèbre couvent du *Carmel*. En face de nous, un peu sur la gauche, voici *Caïffa* étagé à la base de la montagne, avec ses maisons blanches semblables à des cubes, au milieu desquels on reconnaît une église à dôme rose surmonté d'une croix. Deux longues pointes de terre s'avancent dans la mer : prémices de la *Terre Sainte*. Celle de droite porte à son extrémité une grande maison carrée, à toiture de tuiles rouges : c'est le couvent futur des Carmélites françaises, encore inhabité (1); celle de gauche, basse, plate, d'apparence sablonneuse, est couverte d'arbres et de palmiers élancés. Voilà le premier aspect du *Carmel*, de *Caïffa* et de sa merveilleuse rade avant le lever du jour.

A bord, tout s'éveille: ce n'est pas trop tôt. Tapage affreux, branle-bas général; mais au lieu de 4 h. 1/2, le débarquement ne se fera qu'à 6 h. 1/2, et pas même. Voici les barques de *Caïffa* qui se détachent du môle et cinglent vers nous à force de rames, car le peu de profondeur de l'eau ne permet pas au lourd *Poitou* d'accoster la rive.

Mais quel est ce Franciscain debout près du bastingage de gauche qui cause avec le R. P. Bailly? Comment est-il venu à bord? je ne l'ai pas vu monter. Le P. Bailly me présente: c'est le *Frère Liévin* si connu de tous les amis de la *Terre Sainte*, le guide infatigable et dévoué des pèlerins depuis plus de quarante ans, et auteur d'études justement estimées sur

(1) Fondation de Mme de Noailles, carmélite du couvent d'Ecully, près de Lyon.

la *Palestine* (1). Il n'a pas entendu mon nom, je le décline... Il se redresse surpris : « Vous » êtes *Couret*, me dit-il, vous êtes *Couret?* — » Oui, mon Frère. — C'est vous qui avez écrit la » *Palestine sous les Empereurs Grecs?* — Oui, » mon Frère. — Ah ! si je m'attendais à vous » voir jamais ! Votre ouvrage a rendu beaucoup » de services et éclairci bien des points obs- » curs. Soyez le bienvenu ! »

Qu'il est doux, loin de son pays, loin des siens, aux abords d'une terre hélas ! aujourd'hui étrangère, après une dure traversée, où l'on a vu passer la mort, de s'entendre ainsi reconnaître à l'appel de son nom et remercier des services rendus ! Surtout quand celui qui vous parle de la sorte est un digne religieux qui a consacré sa vie à l'étude, à l'exploration et à l'explication de la *Terre Sainte*, mise à la portée de tous.

Nous voici en barque. Scabreux l'embarquement ! Il faut descendre l'incommode et glissant escalier rampant en diagonale sur le flanc du navire ; puis sauter dans une barque humide et tremblante, dansant sur la vague, et subir

(1) Notamment le *Guide-Indicateur des Sanctuaires et lieux historiques de la Terre-Sainte. Troisième édition revue et augmentée, etc. Jérusalem, imprimerie des PP. Franciscains, 3 vol.*, excellent ouvrage fort utile aux pèlerins.

les oscillations indigestes du bateau et les instances importunes de bateliers moitié nègres et moitié Syriens, criards, familiers, mendiants, presque menaçants. Grâce à Dieu, plus heureux que les pèlerins de 1889, nous échappons à un bain forcé. Ma barque accoste, je saisis la main que me tend le frère *Liévin* et me voici sur l'étroite jetée : en TERRE SAINTE ! ! Enfin !...

Nous traversons isolément la grande rue mercantile de *Caïffa* et nous hâtons notre marche vers l'église catholique, rendez-vous général du pèlerinage. Sise au fond d'une cour à laquelle on accède par des marches, cette église, d'un style italien moderne, avec des colonnes quadrangulaires engagées dans les murs, une nef assez grande et deux semblants de nefs latérales formant chapelle de chaque côté du chœur, est terminée par une abside carrée. Le fond de cette abside est occupé par un assez beau rétable, avec colonnes d'ordre toscan appliquées contre le mur du fond.

On entonne, avec le concours d'orgues assez harmonieuses, l'*Ave Maris stella*, et les prêtres déjà arrivés s'empressent de dire leur Messe aux divers autels de l'église. Accourues pour nous voir, les femmes Syriennes, aux grands yeux noirs placides et doux, sans expression, se pressent au bas des nefs. Leurs robes roses, jaunes, vert pâle, bleu, rouge brique, avec fleurs appliquées, font songer à un parterre multicolore. Serrées contre elles, timides, curieuses et charmantes, boutons de roses à peine éclos, leurs petites filles, en robe d'indienne de couleur tendre, sur la tête un fichu noué sous le menton, nous dévorent du regard : évidemment nous sommes pour elles les *Mille et une nuits* en action.

Mais pourquoi, sur le front incliné de toutes ces femmes d'Orient, de l'Égypte à l'Arménie, pourquoi ce *linceul* qui les recouvre et retombe jusqu'au sourcil, noir au bord du Nil, blanc en Syrie du Jourdain au Simoïs? Pourquoi ce précurseur de la tombe, ce stygmate anticipé de la mort, cette livrée sépulcrale de séculaire déchéance, de mort civile?... O femme d'Orient, quel est ce deuil éternel, ce deuil que tu mènes à travers les âges, de génération en génération? Ne serait-ce point, dis-moi, le deuil de ton indépendance et de ton honneur, les obsèques immortelles de ta dignité de femme, de compagne de ton mari, de mère de famille justement respectée. Le Christianisme te l'avait donnée; le mahométisme et l'hérésie te l'ont reprise. Quand donc, pauvre esclave, enfant perpétuel, jouet futile, dédaigné et sans conséquence que tu es aujourd'hui, quand donc le Catholicisme occidental et latin, de nouveau maître de l'Orient comme aux beaux jours des Croisades, te relèvera-t-il de cet inique abaissement et te rendra-t-il ta place dans la famille, ta qualité d'égale et de compagne, et fera-t-il de nouveau de toi l'honneur de la maison, la parure, la reine souriante, fière et révérée du foyer domestique!...

Les pèlerins arrivent successivement. Nous voici réunis : départ processionnel pour le *Carmel*. Nous sortons de l'église, premier sanctuaire de *Terre Sainte* que nos pas aient foulé; nous traversons processionnellement le joli jardin diapré de lis, d'œillets, de géraniums et de roses, des dames de *Nazareth*. Nous saluons la statue de *l'Immaculée-Conception* debout au milieu d'un parterre de fleurs, don du pèlerinage de 1888, et nous nous dirigeons, pour satisfaire à leurs instances, vers l'église des *Maronites* que nous devons simplement traverser. C'est l'église à dôme rose, sise sur les premiers escarpements de la montagne, que je discernais du tillac du *Poitou* aux premières lueurs de l'aube. Au-dessus de la porte, une plaque de marbre blanc, timbrée de l'écusson de France aux trois fleurs de lis surmonté de la couronne royale, porte gravées en lettres d'or quelques lignes d'inscription turque. C'est sans doute un extrait de quelque firman assurant aux pauvres *Maronites*, déclarés fils de France par saint Louis, la protection souveraine des fils de saint Louis. Tout récemment, cette pauvre église, si sympathique, si française sous sa parure exotique, vient de s'enrichir d'un beau tableau représentant saint Louis montant au Carmel, œuvre de la princesse de Sayn Wittgenstein et don de l'association de Saint-Louis des Maronites (1).

Enfin nous nous engageons sur la montée du *Carmel:* immense plan incliné, raide, pierreux, sans ombre, coupant la montagne en diagonale, de *Caïffa* au couvent. Au bas, la vigne, les oliviers, les fleurs de nos montagnes. A mesure qu'on s'élève, les taillis de chênes, de pins, de lauriers, de lentisques et les plantes aromatiques spéciales au *Carmel:* le caprier aux grosses fleurs blanches, aux pistils violacés, aux feuilles en forme de lance d'un vert sombre et luisant, à la tige mince, ronde et enroulée comme celle de la vanille; des touffes de petites fleurs roses analogues à l'œillet, mais plus massives et moins déchiquetées; de hautes mauves rouges en forme de quenouille, et des

(1) Cette œuvre excellente, destinée à l'aide matérielle et morale des Maronites, a été fondée par le digne et regretté M. Louis de Baudicour, et a pour organe le *Bulletin de l'association des Maronites, paraissant tous les trois mois* (Paris, Challamel, 5, rue Jacob, n° de de janvier 1891). Les chefs de cette œuvre sont actuellement le marquis de Lévis et le comte d'Aviau de Piolant.

espèces de buissons bas ornés d'une jolie fleur lie de vin que l'on prendrait pour une rose sauvage, si la tige courte, à la fois herbacée et ligneuse, et la feuille épaisse, ronde et velue, ne différaient absolument de celle de l'églantier. L'air balsamique et vif emplit nos poitrines et les réconforte comme une généreuse liqueur.

Nous marchons sur deux files, récitant le chapelet à la vue des populations émerveillées qui accourent sur notre passage. Les timides et les malades, juchés sur des baudets, prennent les devants. Autour de nous trottinent de petits Syriens, gracieux comme des chats, fripons comme des pies, qui, dans l'espoir d'un fort *bacchich*, s'offrent à porter notre léger bagage. Le soleil qui monte à l'horizon nous embrase déjà de ses chaudes et rayonnantes effluves : nous sommes partis une heure trop tard.

Mais là-bas, tout en haut, un angle massif de maçonnerie jaunâtre fait saillie sur le vert contour de la montagne. Au-dessus, illuminé des premiers rayons du jour, un drapeau aux joyeuses couleurs frémit au souffle du matin. C'est le drapeau français, protecteur et gardien du *Carmel* depuis le temps du bon saint Louis. On le salue ; on double le pas ; on franchit une porte sans battants, grande ouverte dans un mur délabré ; on parvient dans une sorte de cour intérieure semée de camomilles ; on se remet en possession de sa valise et l'on fait les quelques pas qui nous séparent encore du monastère.

Fier et noble bâtiment, masse carrée, percée d'étroites fenêtres rondes, surmontée au centre d'un petit dôme ; sans art, ni style, mais imposante par l'ampleur et la solidité rigide de son architecture. Appliqués comme des cariatides au mur du couvent, des Syriens, vendeurs d'ombrelles, cordons de koufieh, voiles bariolés, cravaches et lunettes suspendus à des ficelles, nous sollicitent d'une voix discordante.

Comment, dans ce couvent de médiocre étendue et déjà occupé par vingt religieux, loger près de 400 pèlerins ? Aussi, partout, dans les corridors, les grandes salles, des matelas, des draps, des couchettes primitives. Grâce à l'activité et à l'énergie de M. Chauveau, nous obtenons une charmante cellule à trois lits pour lui, M. des Francs et moi. Rare et précieuse faveur ! Notre cellule, au lieu de numéro, a pour titre : *Fuga Mundi*, précieux conseil que nous n'avons pas l'énergie de mettre en pratique !

A tout seigneur tout honneur ! Notre première visite doit être pour l'église : une messe solennelle nous y attend. Debout devant l'autel, le

Supérieur, en manteau blanc et robe de bure, nous souhaite la bienvenue au nom des Frères du *Mont Carmel* : « Tous, ils prieront Dieu de » bénir notre pèlerinage, le Pape, l'Église et » la France ! »

L'église, peu spacieuse, consiste dans une sorte de rotonde surmontée d'un dôme central à ouverture ronde et lanterne supérieure, et flanquée de quatre chapelles dessinant une sorte de rosace. Celle du fond, plus grande et plus profonde, sert de chœur ou abside. L'autel très élevé, comme d'un premier étage, est porté sur une double rampe de marches de marbre blanc veiné de noir. Au-dessus de l'autel un retable carré soutenu de deux colonnes de marbre blanc, avec entablement de marbre rouge et chapiteaux dorés ; entre les colonnes, de longs cadres de cristal maintenus par des baguettes d'or, renfermant des ex-voto. Au milieu du retable, dans une niche spacieuse, un trône élevé, rehaussé sur six ou sept marches de bois fauve, agrémenté d'or et accompagné de chaque côté par deux anges à genoux. Sur le trône est assise la jolie statue de *Notre-Dame du Mont-Carmel*, couronne en tête, entre ses bras l'Enfant-Jésus adoré par les anges et protégé en quelque sorte par le Saint-Esprit qui, sous la forme traditionnelle de la colombe, plane au-dessus les ailes éployées.

En face l'abside, une chapelle correspondante renferme : au bas, la porte d'entrée, et au-dessus, à mi-hauteur, une galerie formant tribune avec le buffet des orgues mues par une manivelle. A droite et à gauche de la rotonde centrale, deux autres chapelles latérales avec autel et tableaux. Dans celle de droite (en regardant l'autel), deux inscriptions tumulaires en lettres d'or surmontées d'un pompeux blason : l'une sur marbre blanc, l'autre sur marbre noir. La première annonce à tous présents et à venir que : ici est déposé le cœur de *Edmond Henri Étienne Victurnien de Beauveau, prince de Craon*, décédé le 21 juillet 1861, à Saint-Ouen, qui a voulu que son cœur fût enseveli en cette église. La seconde est la tombe de *Charles Marie Chrétien Leclerc, comte de Juigné*, décédé près du *Carmel* le 24 novembre 1839.

Sous la haute estrade qui porte l'autel, s'ouvre la *crypte de Saint-Élie*: une grotte naturelle à jamais vénérable, la roche vive non revêtue de marbre, la voûte primitive toute noircie par la fumée des lampes. Au-dessus de l'autel la statue de *Saint-Élie*. C'est là que le prophète *Élie*, fuyant les sombres fureurs des affreux tyrans d'Israël, se retira à plusieurs reprises ; c'est là que maintes fois il a vu passer Dieu. Ce lieu, nous disait le soir du mercredi

30 avril, le bon Supérieur des Carmes, est plus saint et plus auguste que l'*Oreb* et le *Sinaï*, car plus souvent que sur ces deux sommets, Dieu s'y est manifesté...

Tout autour du couvent, les sanctuaires abondent. Ici, la *chapelle de Sainte-Thérèse;* plus loin, celle de *Saint-Brocard*, avec son petit cimetière où les épitaphes des frères défunts sont tracées au charbon sur le mur blanc: passagères inscriptions moins fugitives encore que le souvenir laissé par les morts; dans la montagne, de nombreux ermitages, antiques séjours des vieux anachorètes. Plus près, sur une terrasse inférieure, au bas de la porte même du couvent, une pyramide de pierres, surmontée d'une croix de fer et entourée d'une grille, marque la tombe des blessés français égorgés en 1799, avec les moines qui les défendaient, par les Turcs de *Djezzar*. Là, le mercredi 30 avril, à dix heures et demie du matin, une messe solennelle est célébrée au son des cloches du monastère, par le R. P. Bailly, pour l'âme des patriotiques victimes. La bannière du pèlerinage domine l'autel provisoire adossé à la grille de fer qui entoure la pyramide. Pauvre belle et chère France « pays des hommes généreux » (1), soldat de Dieu dans le monde,

(1) Parole de Mgr Strosmayer.

qui, depuis tant de siècles, disperse aux quatre coins du globe le sang fidèle et les os de tes enfants, toi qui seule fis la guerre pour une idée, pour la justice, l'humanité et l'idéal vaincu, console-toi de n'avoir semé en Europe que la haine, la défiance et l'ingratitude: l'Orient plus équitable tressaille toujours au bruit de ton nom, pour lui, tu seras toujours la terre de la franchise, de la liberté, de l'honneur, du dévouement et de l'amour!

Le contact de la *Terre Sainte,* cette influence galvanique qui se dégage de cette terre des prodiges et des résurrections, la vue enivrante qui se déroule aux yeux du haut du *Carmel,* remplit le cœur d'une joie indicible. Pour mieux jouir de cette vue merveilleuse, il faut monter sur la terrasse du couvent, et là, le dos appuyé à la coupole du dôme central, à quelques pas du drapeau national, considérer le magique horizon qui se déroule devant soi. Au-dessous de nous et comme sur un premier plan, le bâtiment désert appelé le *Palais,* surmonté du phare du *Carmel,* et tout au bas le demi cercle d'azur du golfe de *Caïffa,* resserré à son débouché dans la mer, d'une part entre la pointe du *Carmel,* de l'autre entre l'extrémité blanche et aiguë du cap *Ras Nakoura,* l'ancienne *Scala Tyrorum.* Au fond du golfe, à droite, la petite ville de *Caïffa* avec ses deux églises, l'une rose et l'autre blanche; et, en face de nous, sur l'autre rive, un modeste assemblage de petits cubes blancs: c'est *Saint-Jean d'Acre*, Saint-Jean d'Acre si célèbre par ses trois sièges, par les héroïsmes adverses de Richard Cœur de Lion et de Saladin, par le désastre final de l'Orient Latin en 1291 et l'échec si regrettable de Bonaparte en 1799. Au-dessus, élevant leur tête plus haut que la longue ligne des monts de *Djermak* (1) qui, en face le *Carmel*, longent l'autre côté du golfe de *Caïffa*, le *petit Hermon*, le *grand Hermon* avec sa cime blanche, et plus loin, plus reculé, le *Thabor* se détachant en vert pâle sur l'azur lumineux du ciel. C'est bien le pays de la transfiguration!

Délicieuse aussi, la charmante descente le long de la montagne, jusqu'aux bords enchantés de la mer, par les sentiers rocailleux, avec parfois des marches entaillées dans le roc, parmi les plantes odoriférantes, les buissons épineux, les fleurs éclatantes et les petites grottes mystérieuses, vides et désertes. En inclinant un peu sur la droite, on arrive à la célèbre *grotte des prophètes*, creusée dans les flancs inférieurs du *Carmel*. Vaste grotte carrée avec excavation secondaire à gauche, aux parois

(1) Derniers contreforts méridionaux du *Liban*.

pleines d'inscriptions, et au milieu de laquelle pend un lustre de cuivre verdi. Le tout précédé des ruines d'un petit couvent : une tour carrée, des restes d'arceaux et des murs écroulés au milieu des figuiers, sur un mamelon, à quelques mètres au-dessus de la mer. A côté, un vieux cimetière musulman avec tombes aux inscriptions frustes. Le pèlerinage espagnol, qui nous a précédés hier, a gravé avec enthousiasme ses noms multiples sur ces débris. Un peu plus bas, la Méditerranée molle, azurée, gracieuse, séductrice et perfide vient murmurer doucement, et brise ses vagues enfantines sur une grève aplanie, toute semée de coquilles irisées, de cailloux diaprés et d'aigues marines à la verdoyante transparence.

Remontés au couvent, après cette exquise promenade, nous faisons, M. Chauveau et moi, une double connaissance. D'abord celle du Père *Gratien de Sainte-Anne*, aimable et accueillant vieillard, l'un des deux Pères français du *Carmel*, poète à ses heures, et qui me fait présent de deux charmantes poésies de sa composition, imprimées à *Jérusalem* et intitulées, l'une « *Les deux Orients*, » l'autre « *La Cantate des naufragés du Patria* ». La seconde connaissance constitue une véritable découverte, pour nous du moins : c'est la *liqueur du Carmel* fabriquée à la pharmacie du couvent, délicieuse, aromatique, embaumée, généreuse, jaune d'or, et faisant circuler la chaleur et la vie dans les membres engourdis; au moins égale, sinon supérieure à la Chartreuse.

C'est également au *Carmel*, sur le plateau qui fait suite au couvent, que j'ai fait connaissance avec la vaste tente du pèlerinage, dressée, pour nous servir de salle à manger et surmontée du pavillon tricolore. 380 ou 400 personnes sont là, en longues files, assises devant trois immenses tables avec des couverts primitifs, des gobelets d'étain, des fourchettes à trois pointes, des couteaux ronds mal aiguisés et de grandes amphores à la large panse et à l'étroite embouchure. C'est charmant! Est-ce la fatigue, la joie ou l'appétit? On m'avait prévenu que je trouverais la chère mauvaise: je trouve tout excellent.

Le mercredi soir, à dîner, le R. P. Bailly nous fait une lecture très intéressante, de laquelle il résulte que le ministre de France nous recommande à son Consul de *Jérusalem;* que le Consul lui-même aplanira toutes les difficultés que nous pourrions rencontrer, notamment à la douane de *Jaffa* et qu'il viendra au devant de nous. Nous sommes bien la France en Orient et dans cet Orient demeuré, en dépit de tout, depuis les Croisades, si français.

Après le dîner, un superbe feu d'artifice est tiré sur la terrasse de ce qu'on appelle le *Palais*, en face du couvent, par les soins du brave commandant *Iperti*. Les feux bleus, blancs, rouges, verts, lilas, les soleils, les fusées éclatent sur le ciel sombre aux applaudissements et aux cris enthousiastes de : *Vive la France!* Les tiges des fusées retombent parmi les chevaux et les ânes et y mettent un désordre inexprimable. Les gens de *Caïffa*, stupéfaits et éblouis, assistent du haut de leurs terrasses à cet invraisemblable et inoubliable spectacle : un feu d'artifice à la cime du *Carmel!* Cela ne s'était jamais vu. Les Français seuls pouvaient avoir pareille idée. Enfoncés les Allemands de *Caïffa :* ils vont être furieux!

Jeudi, 1er mai.

A cinq heures du matin, la cloche du monastère — plus heureuse que les ronflements sonores d'un de nos compagnons de voyage — nous réveille. Après une toilette sommaire, nous nous hâtons vers l'église : une messe et le chant du départ nous y attendent. Au sortir, les bons moines nous offrent une dernière tasse de café au lait, un peu petit teint, mais chaud comme leur bon accueil. On ploie la grande tente, et nous suivons une dernière fois la descente rapide de la montagne, parmi les herbes odoriférantes, les taillis épineux, et les hautes tiges de mauve aux fleurs rose vif. Nous atteignons ainsi la grande route carrossable, qui passe entre le *Carmel* et la mer, et fait, depuis peu, communiquer *Beyrouth* avec *Caïffa*, *Nazareth*, *Cana* et prochainement avec *Tibériade*.

On part à sept heures... Les cavaliers prennent les devants, les voitures s'ébranlent ensuite au nombre de trente environ : véhicules de toute taille, de toute nuance, de tout attelage. Le nôtre est une espèce de boîte ou coffre long et étroit, peint en vert, avec grands ramages jaunes, porté sur quatre hautes roues et attelé de deux chevaux couleur pie, dont le moindre écart secoue le coffre comme un prunier, et choque les voyageurs comme des pierres à fusil.

Nous traversons des champs cultivés: vignes, blés, orges ; des maisons basses à toiture rouge, groupées au milieu des guérets. Sur la porte et dans les champs, des hommes, à la haute stature, à la barbe blonde, aux yeux bleus, et longue pipe à la bouche, nous regardent d'un air ironique et dédaigneux. Ce sont les Allemands de la colonie de *Caïffa* qui, l'an passé, sont montés à l'assaut du couvent, et contre lesquels les religieux du *Carmel* ont dû faire appel aux longs fusils des tribus bédouines de la montagne. C'est « l'ennemi héréditaire » qui commence à étendre sa main avare sur la *Palestine*.

Nous repassons par *Caïffa*. Les hommes nous regardent silencieux et plutôt sympathiques : l'un d'eux, jeune et beau comme un athlète, jette en souriant des roses dans notre voiture. Les femmes, habillées de couleurs vives, sont franchement favorables. Elles nous saluent à la mode orientale : souriant et portant la main à leur front.

Nous cheminons par la route nouvelle, récemment empierrée de cailloux blancs et aigus, et nous nous engageons dans une longue plaine fertile et en partie cultivée, entre deux chaînes de collines : celle de droite, suite du *Carmel*, bien plus haute et couverte de taillis. Nous longeons trois villages, assis sur les premiers escarpements du *Carmel* et dont l'un est dominé par une espèce de citadelle carrée. Au loin, sur la gauche, on aperçoit sur un mamelon les restes d'un camp romain utilisé, dit-on, par Bonaparte dans sa campagne de Syrie, et, à l'horizon, de vertes collines qui jadis ont dû porter des forteresses latines. Nous croisons une noce indigène à cheval, bruyante, rieuse et toute hérissée de fusils.

Un cri s'élève : voici le *Cison*, le torrent biblique au bord duquel, là-haut dans la montagne, le prophète *Élie* fit jadis égorger les prêtres vaincus de *Baal*, ruisseau mélancolique et noirâtre, encaissé entre deux hautes berges de terre et traînant languissamment son cours maussade et amoindri à travers la plaine, jusqu'à la Méditerranée. On met pied à terre, on franchit l'inoffensif cours d'eau sur des pierres branlantes ; on se mouille quelque peu, trop heureux de constater par expérience la présence exceptionnelle du liquide élément. On remonte en voiture, le sol s'élève de plus en plus, progressivement ; on laisse à main droite sur une colline escarpée, un dernier village, misérable, aride, composé de huttes carrées de terre battue encadrant çà et là des pans de murs et des blocs d'antique maçonnerie. Pas un arbre ; un oiseau de proie planant dans les airs ; les femmes et les enfants en haillons, les hommes fièrement drapés dans un burnous sombre et troué, la coiffure retenue autour de la tête par une grosse corde noire en poils de chameau.

La route abandonne la plaine du *Carmel*, tourne à gauche et s'engage dans une sorte de défilé entre des collines arrondies, couvertes par places de jolis bois de chênes-verts.

Il est onze heures. La trompe sonne la halte. Nous mettons pied à terre sur un plateau ondulé, couvert de gazon et de petites fleurs, semé çà et là de gros blocs de calcaire et ombragé de beaux chênes, malheureusement trop clairsemés. C'est la halte de *Sindian* ou des chênes. Assis sur l'herbe, ou sur de vieux tapis en loques, nous dévorons de grand appétit un frugal mais excellent déjeuner, auquel je n'adresserai qu'un seul reproche : un plat de bœuf à la crème, que je repousse avec horreur, mais source de cuisant malaise pour les imprudents qui en ont voulu goûter. Pour nous remettre, M. des Francs veut nous partager un précieux flacon de vin de Bordeaux qu'il a soigneusement glissé dans son bissac : hélas! le flacon est débouché, le vin répandu, les objets de toilette détrempés et rougis...

Après une heure environ de repos, nouvel appel de trompe. La voix enrouée des *drogmans* crie : *Nazareth, Nazareth !*

On remonte sur son char et l'on roule cahincaha à travers une nouvelle plaine, où nos conducteurs font abreuver leurs chevaux dans une source marécageuse que tente vainement de défendre, pour son pauvre troupeau de bœufs, un pâtre bédouin armé d'un gros bâton. Les *drogmans* le battent comme plâtre et enlèvent l'eau à pleins seaux. On franchit ensuite des lignes parallèles de coteaux rocheux et de vallées poudreuses. Çà et là, des éminences où ont dû exister des postes militaires ; un tumulus bien conservé; quelques villages, les uns en huttes de terre comme en Égypte, les autres construits en bonnes pierres. Les femmes déguenillées mais toujours en couleurs éclatantes, debout parmi les cactus épineux, nous offrent de l'eau fraîche, trouble et, dit-on, malsaine. Les enfants demandent l'éternel *baschich;* des tatouages bleus ornent le bas de leur visage.

A la cime d'une dernière montée se déroule une vue superbe sur la vaste et fertile plaine d'*Esdrelon*, riche et cultivée, encadrée entre les collines que nous venons de franchir et une ligne de montagnes bleuâtres. Nous descendons au grand trot la pente opposée du versant et à 5 h. 1/2, après avoir passé par la chapelle et le village de *Saint-Jacques*, nous arrivons à NAZARETH après 10 h. 1/2 de marche.

NAZARETH

Vendredi 2 mai.

De hautes collines, en face la route, dessinent l'intérieur d'une sorte de carré dont elles forment les trois côtés, laissant à découvert la quatrième face, celle qui regarde l'arrivée et le profond ravin menant en Samarie. La petite ville de *Nazareth* occupe le fond et le côté latéral gauche de ce carré. Plusieurs édifices attirent immédiatement le regard, spécialement le couvent des Franciscains et l'évêché grec.

L'église des Franciscains, relativement moderne et qui coupe en diagonale l'emplacement récemment découvert de l'ancienne basilique de Sainte-Hélène, a trois nefs terminées par des absides carrées ; quatre colonnes également carrées, aux chapitaux sans caractère; des peintures au sommet : trèfles et fleurons jaunes, des draperies rouges à glands jaunes et au milieu des colonnes ou piliers, des médaillons dans des cadres, représentant des saints Franciscains.

Au-dessous du chœur porté, comme au *Carmel*, sur une sorte de terrasse à laquelle on accède par une double rampe, s'ouvre la *crypte de l'Annonciation*. C'est une grotte naturelle, rocheuse, étincelante de cierges et de luminaire, servant d'arrière-corps et comme de fond à la maison extérieure, actuellement vénérée à *Lorette*. C'est dans cette crypte, retraite habituelle et oratoire de la Vierge Marie, qu'a été prononcée la *Salutation Angélique*, ce divin prologue de l'ineffable mystère de l'*Incarnation*.

Une découverte des plus intéressantes vient de signaler le passage comme gardien du couvent de *Nazareth* du R. P. Marie-Prosper-

François, originaire de Marennes, diocèse de la Rochelle. Il y a quelques mois, en pratiquant des fouilles dans le jardin de son couvent, au pied d'un citronnier superbe chargé de fruits d'or, il a découvert la base des trois absides de l'ancienne basilique de Sainte-Hélène remaniée par les Croisés. L'abside de gauche, bien plus entière, existait déjà en partie, seulement il a retrouvé dans l'épaisseur de la muraille et mis à jour la vieille fenêtre à plein cintre, bouchée par un massif de maçonnerie. Mais l'abside de droite et l'abside centrale, ensevelies depuis des siècles sous trois et quatre mètres de terrain, s'élèvent maintenant à plus d'un mètre au-dessus du sol et montrent leur harmonieux contour, avec rebord intérieur formé de beaux blocs soigneusement appareillés, de grandeur inégale, et dont quelques-uns atteignent 1m 20 de dimension. Des signes

lapidaires singuliers se remarquent sur les pierres des absides nouvellement découvertes: les uns affectent la forme d'une étoile, les autres d'un rond traversé par un sautoir; le plus curieux se compose de trois caractères difficiles à décrire. Je crois en devoir donner le spécimen :

Cette découverte est la preuve péremptoire que le sanctuaire de l'*Annonciation* est bien la grotte comprise sous le chœur de l'église Franciscaine de *Nazareth*, puisque sous ce même emplacement, quoique dans une direction un peu transversale, sainte Hélène fit ériger la basilique dont le P. Marie-Prosper vient de découvrir les précieux et manifestes vestiges. En l'année 326 ou 327, date de la venue de sainte Hélène en Palestine, la crypte actuelle était donc déjà désignée par la tradition chrétienne comme la *grotte de l'Annonciation*.

Dans la cour d'entrée du couvent, de nouvelles trouvailles ont également récompensé les fouilles du P. Marie-Prosper. En creusant le sol, à gauche, il a découvert trois bases de colonnes, avec commencement de fût, et quatre ou cinq fragments de colonnes en granit gris. Au milieu de la cour, debout et couronnée d'un chapiteau ancien mais qui n'est pas son chapiteau originaire, se dresse une superbe colonne en granit gris, trouvée en 1870 et surmontée d'une statue dorée de la Vierge. Des fragments de pierre sculptée, de colonnes, de moulures, un joli chapiteau corinthien, et une superbe base de colonne sont épars dans la même cour d'entrée: débris et témoins de la basilique de Sainte-Hélène, qui coupait presque à angle droit l'église actuelle. La cour en question, une portion de l'église, un morceau du jardin auraient donc constitué la superficie de l'ancienne basilique de Sainte-Hélène. La découverte incontestable de l'abside de cette basilique fait le plus grand honneur au dévouement éclairé du R. P. Marie-Prosper.

Plus récemment encore, une autre découverte s'opérait presque en face, dans le couvent des Dames de *Nazareth* dont la maison mère est à Oullins, près Lyon, et dont la Supérieure, femme intelligente et distinguée, est Mme Giraud, de Nantes. A force de creuser dans une dépression du sol, béante au milieu de la petite cour intérieure de leur maison, les Dames de *Nazareth* ont fini par atteindre l'orifice obstrué d'une sorte de grotte ou crypte où se remarquent à la fois et des vestiges d'anciens sépulcres juifs et des restes très apparents de voûtes, de cintres et d'escaliers, assurément anciens et fort curieux, mais d'une date difficile à déterminer.

Ces cryptes forment comme une succession de trois grottes, partie naturelles et partie creusées de main d'homme. La première, de beaucoup la plus spacieuse, renferme les caveaux funéraires juifs, diverses excavations, et une énorme amphore de terre jaunâtre, étendue sur le sol et encore presque intacte. La seconde, sorte de couloir étroit, a pour voûte un large et double arceau construit en belles pierres égales. La troisième, tout récemment déblayée, est voûtée en berceau et offre les marches, encore aux trois quarts engagées dans les décombres et se superposant à angles droits avec tailloir latéral en relief, d'un escalier conduisant jadis de la crypte aux bâtiments supérieurs.

Seraient-ce là les restes de l'ancienne crypte de la *Nutrition de Jésus*, signalée au VIIe siècle par le moine *Arculfe* en des termes qui, il le faut reconnaître, s'appliquent assez bien aux restes d'architecture découverts par les Dames de *Nazareth?*... Ces Dames l'affirment avec une généreuse passion; à l'appui de leur dire, elles nous montrent une vitrine garnie d'objets anciens trouvés par elles dans leurs travaux de déblaiement: fragments de mosaïque, débris de verrerie antique, petites amphores et urnes de terre rouge et jaune, etc.

Il manque cependant l'un des caractères essentiels signalés par Arculfe: une *source d'eau*. Mais l'intelligente et enthousiaste Supérieure nous fait constater avec ardeur des fissures dans le roc et des traces marneuses d'un vert pâle et bleuâtre qui, selon elle, seraient les marques irrécusables du passage originaire d'un ancien filet d'eau. Elle s'appuie avec énergie sur l'autorité du célèbre et si regretté M. Victor Guérin qui, dit-elle, aurait reconnu et affirmé l'exacte concordance de la crypte nouvellement découverte avec le récit du moine *Arculfe*. Et encore, ajoute-t-elle, M. Guérin n'a pas vu la troisième crypte, la plus reculée, celle où se remarquent la voûte en berceau et les traces d'escalier, que l'on vient tout nouvellement de mettre à jour!

Il ne nous est pas possible de nous prononcer sur cette revendication, si ardemment soutenue, appuyée sur de sérieux indices, sur des débris archéologiques remarquables, sur l'autorité de Victor Guérin, mais combattue énergiquement par une brochure toute récente, imprimée à Jérusalem et œuvre d'un savant que nous ne voulons pas nommer puisqu'il a préféré garder l'anonyme (1).

LA PROCESSION DES SEPT SANCTUAIRES

Un des grands attraits du pèlerinage de *Nazareth*, c'est la visite processionnelle, à

(1) Brochure in-8° de 30 pages intitulée : *A M. l'abbé Taboisson, réponse à son article sur les fouilles de Nazareth par un vrai Résident de Terre Sainte.* (Sans indication de lieu ni date d'impression).

travers les rues étroites et tortueuses et le noir et pauvre bazard, aux sept sanctuaires, peut-être un peu légendaires, mais si doux au cœur, dont les noms résonnent comme une musique céleste et où semble se condenser toute la poésie du christianisme naissant.

1° *L'atelier de saint Joseph*, sanctuaire d'une architecture absolument moderne appartenant aux Franciscains.

2° *La Fontaine de la Sainte Vierge* avec sa double ogive et son triple conduit de pierres d'où s'échappe une eau fraîche et limpide : la même authentiquement qu'allait puiser la Vierge Marie.

3° *La Table où Jésus mangeait*, quartier de rocher, énorme bloc de pierre blanchâtre, enfermé dans une chapelle appartenant aux Franciscains et où, dit-on, Jésus-Christ prit un repas avec ses Apôtres après sa Résurrection.

4° Tout auprès, la *jolie chapelle maronite* où la Sainte Vierge apparut à saint Antoine de Padoue. Le chœur ogival et la moitié de la nef peints en rouge avec de grands ramages, des lustres de cristal et de petites fenêtres carrées à rideaux rouges. Au fond, un fort mauvais tableau de l'Annonciation.

5° L'ancienne *Synagogue de Nazareth*, aujourd'hui l'église grecque unie, composée de deux sanctuaires : l'ancien et le nouveau. L'ancien, étroit, obscur, coupé en deux par une espèce de jubé à trois portes, masquant l'autel illuminé de cierges et surmonté d'un baldaquin où les icones pieuses se détachent sur un fond d'or et d'argent. Le haut du jubé tout garni de petits tableaux peints et dorés, surmonté d'un crucifix entre deux images de la Vierge et de saint Jean. A l'entrée, pour bénitier, un bol de faïence rose et bleue posé sur un tronçon de vieille colonne cannelée. Le prêtre, qui nous a introduits dans cette modeste chapelle et sollicite notre obole, est vêtu d'une longue étole jaune pâle, semée de fleurettes roses et bleues et d'assez grandes croix bleues.

Le nouveau sanctuaire, communiquant avec le précédent par une porte basse, est une église neuve encore inachevée, haute, assez spacieuse, à trois nefs ogivales séparées par des colonnes carrées, et à dôme central percé de fenêtres à peu près rondes. On y remarque quelques peintures curieuses, mais modernes, à fond d'or. C'est là le théâtre du drame raconté par les Évangélistes : Jésus-Christ, disant aux Juifs que la parole d'Isaïe annonçant le Messie s'applique à lui-même, est saisi par eux, arraché de la synagogue et traîné à quelque distance sur un pic de rocher pour y être précipité.

6° *L'église grecque non unie* renfermant une

faible source à laquelle, dit une vieille tradition, la Vierge Marie était venue puiser de l'eau quand elle fut une première fois saluée par l'ange Gabriel. Effrayée, elle se serait enfuie dans sa demeure au fond de la grotte de *l'Annonciation*, où aurait eu lieu la deuxième Salutation Angélique et l'acceptation soumise et dévouée de la vocation divine.

7° La chapelle de *Notre-Dame de l'Effroi*, petit sanctuaire moderne, perché sur une cime de rocher, peint à l'italienne, avec une grande fenêtre ogivale et une inscription gravée sur une plaque de marbre au-dessus de la porte d'entrée à l'intérieur. Devant la chapelle, un puits surmonté d'une ferrure bizarrement contournée. C'est là que, trahie par ses forces, la Sainte Vierge se serait évanouie de douleur et d'épouvante, en voyant les Juifs entraîner Jésus vers le précipice. Là, au temps des Croisades, s'élevait un couvent de Bénédictines, sous le mélancolique vocable de *Santa Maria del tremore*.

A la chute du jour, un charmant *salut* nous réunit, dans la belle église des Franciscains et, avec un joli feu d'artifice, termine cette intéressante journée.

Combien je voudrais pouvoir parler et de nos cordiales réunions, deux fois par jour, sous la grande tente à l'heure des repas, et des remarquables allocutions du R. P. Bailly, si fines, si réconfortantes, si pleines d'esprit, de sagesse et d'amabilité ! Comment oublier que, ce même vendredi soir, le R. P. Alfred, cédant malgré sa grande fatigue aux instances générales, chanta de sa belle voix de ténor la ravissante complainte de *Nazareth*, dont le refrain était repris en chœur par le pèlerinage tout entier. Hélas ! le temps et l'espace me manquent...

Mais je serais infidèle à tous mes devoirs de chroniqueur si j'omettais de signaler l'étrange et providentielle rencontre, à *Nazareth*, des deux pèlerinages catholiques : le *Français* et l'*Anglais*.

Nous avons campé côte à côte dans la plaine de *Nazareth*, au-dessous de l'église de l'*Annonciation*. Nos tentes de coutil gris, groupées autour de l'immense tente servant de quartier général et surmontée du drapeau tricolore, occupaient le milieu du plateau. Leur camp aux tentes blanches, cimées de petits drapeaux rouges, se massait sur la droite, le long du chemin qui vient de *Caïffa*.

Au premier abord, un peu d'incertitude : Se visitera-t-on ? et qui fera la première démarche ?... L'attente ne fut pas longue : nous les vîmes bientôt passer, grands, sveltes, raides, fiers, le col droit, la tête haute, le nez un peu rouge, coiffés de casques de toile grise avec voile enroulé et se dirigeant d'un pas automatique vers la tente du R. P. Bailly pour le complimenter. C'était, s'il vous plaît, les plus grands seigneurs de l'Angleterre, ayant à leur tête le *duc de Norfolk* (1), parent de la reine et futur roi d'Angleterre, si, par impossible, la nombreuse lignée de S. M. Victoria venait à s'éteindre.

L'entrevue fut cordiale. C'était chose étrange et touchante de voir ainsi fraterniser sur le sol sacré de la Palestine et le terrain auguste de la religion et des immortels souvenirs des Croisades, unis dans leur invincible amour de la foi catholique, les grands *Lords* de l'aristocratique *Angleterre* et le pèlerinage égalitaire de la *France* démocratique, mais bien plus nombreux, plus austère, et qui, en Terre Sainte, se trouvait véritablement dans ses domaines!... Au sortir, nous criâmes avec ensemble : *Vive les pèlerins anglais!* mais eux nous répondirent résolûment, avec une grave courtoisie : *Vive la France!* Ils étaient soixante-dix, dont bon nombre de dames, aussi simplement mises

(1) Au XIVe siècle, (1398-1399), un *lord Norfolk* avait déjà fait le pèlerinage de Terre Sainte. (*La vie nomade au* XIVe *siècle* par J. J. Jusserand. *Revue historique*, tome XX, N° de septembre-décembre 1882, § VI, page 66, note 1.)

que possible; leur insigne, un peu différent du nôtre, consistait en une croix rouge inscrite dans un ovale de laine blanche dentelé placé sur le cœur. Une légende semi-héroïque leur formait déjà comme une auréole : on racontait parmi nous que, à Bethléem, les pèlerins anglais s'étaient vu barrer l'entrée de la crypte par les moines grecs et les soldats turcs, munis de je ne sais quel prétendu firman. Écartant les uns et les autres, le revolver au poing, ils descendirent d'un pas ferme jusque dans la grotte, installèrent leurs évêques (ils en avaient deux parmi eux) à l'autel de la *Nativité*, et comme Grecs et Turcs faisaient mine de vouloir les en arracher, ils formèrent demi-cercle devant l'autel, et, revolver en main, firent face aux agresseurs qui demeurèrent en arrêt.

Une heure après, le R. P. Bailly, à la tête d'un petit groupe de pèlerins, rendait sa visite à lord *Norfolk* et au pèlerinage anglais, visite assaisonnée, de la part de nos nouveaux amis, de *Porto*, de *Scherry*, de vins excellents et de liqueurs chaleureuses. Quels gastronomes que ces Anglais, et comme leur dévotion sait bien s'accommoder avec le souci de leur estomac !...

Samedi 3 mai.

LE THABOR

Départ vers six heures du matin. On a réquisitionné les 80 ânes de *Nazareth* et bon nombre de chevaux; notre pèlerinage se déroule comme un interminable serpent le long du sentier indécis qui mène au *Thabor*, à travers des monts rocailleux et des ravins abrupts, semés de taillis, de rares chênes-verts, de fleurettes roses, bleuets, bourraches, chardons et grandes mauves rose vif. On chemine, c'est le cas de le dire, par monts et par vaux.

Le *Thabor* apparaît, imposante et fière montagne, verdoyante de chênes et de buissons, dominant au loin toute la contrée et portant à sa cime un petit édifice jaunâtre (1).

Nous franchissons une dernière combe, laissant à gauche sur la hauteur un village composé de petites maisons cubiques, en pierres, et assez bien bâti. Dans les champs en friche, quelques *fellahs* sont accroupis sous un grand chêne.

Nous commençons l'ascension. Plusieurs pèlerins mettent pied à terre et tirent péniblement leur monture par le licol. Le chemin,

(1) La chapelle grecque de *Saint-Elie*.

devenu assez large, est rude, escarpé, encombré de pierres roulantes, de bancs de rochers glissants et d'espèces de marches ou gradins de pierre. On suit les lacets de la route qui serpente sur le flanc nord de la montagne. Mon cheval butte à chaque pas, je suis obligé de le soutenir constamment et de lui relever la tête avec la bride, sans quoi il s'agenouillerait et me ferait passer par-dessus son col.

On monte ainsi durant plus d'une heure, puis on aperçoit au-dessus de soi : d'un côté un fragment de mur en beaux blocs de pierres jaune-pâle, percé d'une porte en plein-cintre surbaissé et surmontée d'une croix de fer ; de l'autre, plus à droite, un amas confus de ruines indistinctes. On se dirige vers ce massif où peu à peu l'on discerne une porte ouvrant, sur le ciel bleu, son arceau clairvoyant. On la franchit et l'on chemine dans une espèce d'avenue encadrée de deux murs en lourdes pierres superposées ; on laisse à droite et à gauche de grands pans de mur en bel appareil, et l'on arrive ainsi aux ruines d'une première église. C'est la chapelle dite de *Moïse*. Il en subsiste les murs latéraux, l'hémicycle de l'abside et un autel de pierres dominé par un chapiteau renversé dans lequel est fixée une croix de fer. On y disait déjà la messe quand j'y suis arrivé. Tout autour, des monceaux de décombres.

A vingt pas plus loin, en droite ligne, on parvient aux ruines à demi-souterraines de la grande église de la *Transfiguration*.

Les voûtes et le pavé supérieur sont effondrés, c'est le sol de l'ancienne crypte qui forme le terre-plain actuel, auquel on accède par une descente rapide de quelques marches. Tout autour, les vieux murs de l'église, construits en superbes blocs et hauts encore de cinq à six mètres, dessinent l'ancien tracé de l'édifice et le cintre intact — moins les voûtes — de l'ancien chœur. Le vieil autel soigneusement rétabli a repris sa place un peu avant le contour intérieur de l'abside : il est déjà occupé sur toutes ses faces par nos prêtres qui y célèbrent la Messe.

C'est là l'emplacement authentique et presque incontesté de l'un des plus anciens et plus glorieux sanctuaires de la *Palestine* chrétienne. Là, se dépouillant un instant du voile de tristesse qui semble l'entourer durant le long martyrologe de sa vie mortelle, Jésus-Christ se révèle à ses disciples dans la gloire de son apothéose et la splendeur lumineuse de la vie supérieure et immortelle !

De tous côtés, de vastes pans de murs, des blocs épars, des assises disjointes, des tours croulantes, et la douve presque intacte de l'ancien fossé entourant de sa ceinture protectrice et béante l'église et le couvent fortifié du *Thabor*, citadelle-monastique reconstruite par le célèbre *Tancrède*, et qui, en 1183, repoussa les assauts de *Saladin* (1).

Du haut des ruines de l'abside, une vue magnifique se déploie sur toute la région. Un cirque de montagnes entoure la vaste plaine tourmentée, nue, cultivée par places, dont le *Thabor* occupe le centre et qui fut le théâtre de la victoire de Bonaparte en 1799. Au nord-est, le *Grand-Hermon*, au front couvert de neige et semblant dominer à pic le village de *Loubieh;* au nord-ouest, le *Carmel*, comme un point blanc au-dessus de la faible ligne d'azur de la Méditerranée; au sud-ouest, le *Petit-Hermon*, surmonté d'un microscopique édifice; au sud, l'*Ebal* et les monts de la *Samarie;* à l'est, une haute et fière colline, à double cime aiguë, décrivant une sorte de demi-lune et tranchant par son vert-pâle sur le rouge sombre et déteint de la chaîne du *Djaulan* (ou de *Djermak*) au delà du Jourdain : c'est le *mont des Béatitudes* ou de *Koroun-Hattin;* enfin, un peu plus au midi, entre les *Béatitudes* et la chaîne transjordanienne, l'angle bleu du lac de *Tibé-*

(1) Guillaume de Tyr, IX, 13; XXII, 26. Ce monastère remontait très probablement à la période bysantine. (Arculfe, II, 27.)

riade. Quels noms, quels pays, quels drames, quels souvenirs!... Et dire que c'est d'ici qu'a pris son vol, comme un aigle, notre civilisation occidentale avec sa religion parfaite, son sentiment exquis de l'honneur, son respect de la femme et son amour du pauvre et des faibles !

Deux bâtiments modernes existent à la cime du *Thabor :* à gauche, l'église grecque de *Saint-Elie ;* à droite, la chapelle et le couvent des Franciscains. L'un et l'autre sont absolument modernes et n'offrent aucun caractère architectural, sauf toutefois, dans la chapelle grecque, un débris obscur des absides de l'ancienne église bysantine de *Saint-Elie*, visitée au VIe siècle par Antonin de Plaisance (1).

Les *Drogmans* et les *Moukres*, race haïssable, ont envahi tout le couvent franciscain, au grand courroux du P. Marie-Prosper. Impossible de trouver le plus petit coin. Nous nous installons, le P. Marie-Augustin (de l'Assomption), le P. Marie-Prosper et moi à un angle du jardin ; le mur du couvent nous couvre de son ombre hospitalière, et, assis à terre devant un banc de bois qui nous sert de table, nous nous partageons en frères les œufs

(1) A l'époque bysantine, trois sanctuaires distincts s'élevaient sur le plateau du *Thabor* (Antonin de Plaisance, § VI. — Nicéphore Calliste VIII, 30.)

durs, le poulet maigre, le mouton coriace, les figues sèches agglomérées en pâte et le café clair-obscur du menu préparé par les *Moukres*.

On part à la chaleur du jour pour arriver avant la nuit close à *Tibériade*. La descente est rapide, presque dangereuse, à cause des bancs de rocher glissant qui barrent le chemin. La plupart des pèlerins ont mis pied à terre et tirent leur monture par la bride : ils arrivent épuisés au bas de la montagne.

On reprend haleine sous les chênes verts au pied du *Thabor* qui nous écrase de sa masse imposante et semble le roi de la contrée ; puis l'on s'engage dans un assez large sentier qui serpente au fond de collines rocheuses, arrondies, peu élevées, semées par place de buissons et de rares chênes verts. Ici nous laissons à droite des ruines confuses en pierres basaltiques ; là, nous passons au milieu des restes encore considérables d'une double forteresse rectangulaire flanquée, l'une de tours polygonales, l'autre de tours rondes avec gros contreforts. Plus loin, au fond d'un ravin, nous apercevons pour la première fois un campement de Bédouins : des tentes basses, en poil de chameau, noires, étendues au-dessus du sol en forme d'accent circonflexe et retenues par des cordes fixées à des pieux, les côtés fermés par des nattes de roseaux réunis par des ficelles ;

à quelques pas, des chiens jaunes, des bœufs noirs et de nombreux enfants groupés autour d'une source boueuse, entourée d'une sorte de bassin circulaire en pierres noires.

Le pays s'abaisse progressivement vers le lac de *Tibériade* par une série d'étages successifs, de croupes montueuses ou de plateaux convexes formant comme les gradins ou les échelons du *Thabor*, semés de blocs basaltiques et se terminant chacun par une pente abrupte.

Courte halte au penchant rapide d'une haute colline, à l'ombre douteuse de quelques maigres arbustes épineux. Les ânes, porteurs des seaux de fer blanc remplis d'eau, sont en retard : nous puisons à nos gourdes quelques gouttes d'une eau-de-vie brûlante achetée à *Nazareth*. Au moment de partir, des cris furieux, des hennissements ou plutôt des rugissements éclatent : ce sont les deux beaux chevaux arabes du R. P. Alfred et du Fr. Camille qui se livrent à un duel en règle. Le spectacle est effrayant : debout sur leurs pieds de derrière, ruant, hurlant, se mordant, se déchirant, franchissant les buissons, les rochers, renversant les autres chevaux dans leur course furieuse, les abominables bêtes finissent par se rouler à terre l'une sur l'autre, renversant sous elles leurs intrépides cavaliers, dont l'excellence est telle que, pendant cette horrible scène de pugilat équestre, ils n'ont pu être désarçonnés par leurs montures. On les dégage. Dieu merci! ils se relèvent sans autre dommage que bon nombre de contusions et pas mal d'écorchures.

On repart, et, dejà un peu las, on chemine sur un dernier plateau convexe, monotone, aride, semé de pierres, comme la *Crau* de Provence, et qui doit enfin aboutir au lac de *Tibériade*. Le *Thabor*, qui si longtemps nous a dominés de son cône superbe, finit par disparaître derrière un relief du sol. En face se dresse, comme pour le faire oublier, svelte, fier et aigu, avec ses deux cimes inégales, le mont des *Béatitudes*, porté lui-même sur une haute colline et semblable à l'énorme motte d'un donjon féodal. A ses pieds, s'étend comme une masse confuse, séparée de nous par une profonde déchirure, la plaine ou plateau de *Hattin*, morne théâtre de la victoire de *Saladin* et de l'irrémédiable défaite de l'Orient catholique et chevaleresque.

Nous laissons au bord du chemin un pauvre prêtre, la jambe ensanglantée d'un coup de pied de cheval et qui nous demande à boire d'un ton douloureux. Il voulait de l'eau, je n'avais qu'un peu d'eau de vie brûlante comme du vitriol, et, à mon grand regret, je laisse à M. l'abbé de Saint-Martin l'honneur et la joie de secourir le pauvre blessé.

Enfin l'on arrive à l'extrémité de l'interminable plateau... A notre gauche, se dresse le mont des *Béatitudes*, derrière lequel le soleil vient à peine de disparaître ; en face l'*Hermon* avec sa tête blanche, suivi de la ligne bleu foncé des montagnes de *Djaulan* (ou de *Djermak*). Le plateau plonge presque à pic, au fond d'une vaste dépression, d'un gouffre immense où, comme un miroir d'argent au milieu d'une coupe d'azur, s'étend la mer de *Tibériade*. La lune, presque dans son plein, trace au milieu des eaux une traînée lumineuse. Spectacle admirable, inoubliable ! Cette seule vue vaut le voyage. Au bord du lac, la petite ville de *Tibériade* avec ses maisons cubiques, semblables à un jeu de dominos, la ligne sombre de ses vieilles fortifications, les tours démantelées de son château, et son minaret aérien dont les lanternes s'allument ; en arrière de la ville, plus près de nous, les tentes grisâtres de notre campement.

Rude descente pour arriver à *Tibériade*, un peu moins rapide que celle du *Thabor*, mais plus dure peut-être par suite de la lassitude générale ; les chevaux avancent péniblement par saccades et bronchent à chaque pas. Au bas de la descente, le comte de Piellat et la Sœur Joséphine nous distribuent d'excellentes tasses toutes fumantes de la salutaire infusion qui a fait donner à la bonne religieuse son surnom de Sœur *Camomille*.

Je m'attarde pour réclamer mon petit bagage placé dans un des cacolets. La procession du pèlerinage est partie avant moi. Je m'égare seul dans les rues tortueuses et obscures de la ville. Autour de moi des troupes d'hommes et de jeunes garçons en fez rouge, en calottes de velours bordées d'une hideuse ceinture de poils formant comme une auréole, crient de toutes leurs forces : *Nazareth ! Nazareth !* Je pense que ce sont les juifs (contre l'esprit malveillant desquels on nous a mis en garde) qui veulent insulter à notre pèlerinage. La main d'un côté sur mon revolver, de l'autre sur ma canne armée, je crie à voix haute : « Je demande un guide pour aller à l'église catholique ! » Deux enfants viennent s'offrir et se disputent ma conduite. Le plus grand des deux, robe noire, haut fez noir, voile noir lui cachant un œil et la moitié du visage, finit par évincer l'autre — petit gamin en robe bleue qu'il traite de juif — et me conduit à l'église franciscaine, sise à l'autre extrémité de la ville et où le salut solennel d'arrivée battait son plein.

Nous nous dirigeons vers le campement, nous allons faire connaissance avec les *tentes*. Je cherche en vain la mienne. Comme, la veille, j'avais couché par faveur chez les Franciscains de *Nazareth*, on ne m'avait pas assigné de couchette. Après avoir erré quelques instants à la recherche d'un lit, je m'étends sur les pierres, la tête sur ma couverture ployée, et, trahi par mes forces, épuisé par dix heures de cheval, je me dispose tranquillement à passer la nuit à la belle étoile. Mais l'excellent P. Bailly, touché de mon sort, m'assigne un lit dans la tente N° 27. La couche est sommaire, plus qu'étroite, un seul drap, pour matelas une toile épaisse tendue sur un rectangle de fer avec une grosse sangle transversale qui me coupe le dos; une chaleur étouffante. J'obtiens par grâce d'un *drogman*, une cruche d'eau potable (précieux trésor), et je m'endors du sommeil du juste.

Dimanche 4 mai.

Je m'éveille un peu souffrant ; à l'issue de la messe, le bon Fr. Liévin veut bien me donner un lit dans sa chambre, jolie pièce voûtée, blanchie à la chaux, très propre et où se trouvent trois lits de fer. L'un est occupé par un prêtre canadien, espèce de colosse, drapé dans un châle gris à longues franges, pâle comme un mort et qui semble sur le point de rendre l'âme : ce que toutefois il s'est bien gardé de faire.

8

La chaleur est accablante : 41° à l'ombre ; 55° au soleil ; l'eau a 29° à 30°. Pour respirer, les poissons sortent la tête de l'eau du lac et les crabes, déjà à demi-rouges, s'empressent d'accourir sur le rivage.

Le Fr. Liévin m'engage vivement à ne pas aller à *Capharnaüm*, ruines douteuses, me dit-il, et course accablante qui m'achèverait. Je suis à regret son conseil, et j'emploie mon après-midi à visiter le couvent et à faire aux malades du pèlerinage d'excellents grogs avec mon eau-de-vie de *Nazareth*, mon sucre de France et de délicieux citrons que j'ai achetés d'un bon prêtre maronite, tout de noir vêtu, qui prétend remplir les fonctions de portier du couvent, et nous demande timidement, à Dumuys et à moi, une menue obole pour faire dire des messes aux âmes du purgatoire.

Le couvent de *Tibériade* se compose, comme d'ailleurs tous les bâtiments de ce pays, d'un vaste quadrilatère couvert d'une terrasse dallée, divisé à l'intérieur par des corridors larges et propres, pavés de carreaux noirs et blancs, et sur lesquels ouvrent les portes des cellules surmontées, en guise de numéro, de pieuses inscriptions. J'y remarque trois vieux tableaux du XVIe siècle assez intéressants, don peut-être des princes de la maison d'Autriche. Les Franciscains sont au nombre de deux, sans compter un frère, jeune et beau garçon, qu'on appelle *Fratello.* Ils nous offrent en permanence du café excellent et de détestables liqueurs, et me font visiter le jardin, peu spacieux, plongeant sur le lac, partagé en deux sections par une tonnelle de vigne, et luxueusement planté de figuiers, de citronniers et d'un superbe laurier rose tout débordant de fleurs. Du jardin, nous passons à la terrasse du couvent d'où se déploie une vue ravissante : derrière soi, les hautes collines nues du plateau de *Hattin*, que nous gravirons demain ; à gauche les ruines du château de *Tibériade* précédées d'une grande construction moderne inachevée ; devant soi le lac aux teintes plombées (car le ciel s'est assombri) et sillonné par les barques des pèlerins revenant de *Capharnaüm.* De l'autre côté, une haute chaîne de montagnes pelées, rocheuses, à peine semées de quelques taches vertes, et plongeant à pic dans le lac qui, à ses deux extrémités, contourne et semble fuir entre les montagnes. Au-dessus, la tête blanche de l'*Hermon*.

Le soir, le salut nous réunit dans la jolie église franciscaine de Saint-Pierre, église ogivale moderne, joignant le couvent à main gauche et précédée d'une petite cour dallée.

La population catholique de *Tibériade,* trop peu nombreuse hélas! s'y presse autour de nous, curieuse et sympathique: des enfants semblables à des fleurs dans leurs robes éclatantes, charmants de 2 à 7 ans, mais qui malheureusement se crétinisent à 14; des femmes en voile blanc et en robes de couleur. Je remarque involontairement une délicieuse Syrienne au profil de vierge, aux cheveux et aux yeux noirs, au teint doré, nez un peu aquilin, l'air doux, simple, un peu effarouché, vêtue d'une robe jaune pâle, semée de petits bouquets de fleurs roses; sur la tête, le blanc linceul, marque distinctive de la femme d'Orient. Debout, à côté d'une vieille femme, sa parente sans doute, habillée d'une robe rouge sombre, d'un voile blanc et accroupie sur les dalles, elle murmure des prières latines et s'éloigne lentement, se perdant dans l'ombre opaque du porche et de la nuit étoilée.

Lundi 5 mai.

Messe à cinq heures et demie du matin, départ à six heures. Les chevaux et les *moukres* sont groupés sur un plateau caillouteux, derrière le grand mur délabré du château de *Tibériade.* Chacun a grand peine à retrouver son Bucéphale.

On part; nous gravissons par un long et

sinueux chemin, assez large toutefois, et assez praticable, la rampe escarpée du haut plateau de *Hattin* qui domine *Tibériade*. Nous rencontrons : ici, une source noirâtre au fond d'un trou profond, jalousement gardée par trois ou quatre tentes arabes, autour desquelles paissent quelques moutons harcelés par des chiens jaunes ; là, des pierres de lave éparses, sombres témoins d'antiques convulsions du sol ; plus loin un beau troupeau de bœufs.

Un peu avant d'atteindre le sommet de la falaise, nous apercevons sur notre gauche un nouveau campement de Bédouins plus nombreux que le précédent. Debout, au bord du sentier, une femme bédouine nous offre du lait chaud dans un vase de bois rond semblable à un crible. Vêtue de noir comme les Égyptiennes, un fichu noir semé de fleurs d'un rouge lie de vin, une sorte de foulard d'un noir bleuâtre autour de la tête, un collier et des bracelets en verroterie jaune et rouge, un tatouage bleu du menton à la lèvre inférieure, les bras nus et blancs, belle comme une fleur du désert, l'air libre et doux, fier et tranquille, elle répond à notre bonjour par un grave sourire découvrant ses dents admirables...

Nous voici sur le rebord du plateau, en un point tout parsemé d'énormes blocs de pierre volcanique. Le Fr. Liévin a arrêté son cheval et nous attend. « C'est ici, nous dit-il, le lieu » de la multiplication des sept pains et des » petits poissons. En souvenir de ce miracle, » sainte Hélène aurait fait transporter ici les » douze blocs que vous voyez et y aurait fait » construire une église aujourd'hui disparue. »

On chemine sur le plateau en pente montueuse, rempli de fleurs sauvages, coupé de quelques maigres champs de blé et ponctué de blocs de lave. Relevé du côté du lac de *Tibériade* où il plonge presque à pic, il s'incline rapidement à gauche jusqu'à une marécageuse et assez profonde dépression, qui le sépare de la première assise du *Thabor*. Devant nous se dresse le mont des *Béatitudes* ou de *Koroun-Hattin*, avec ses deux pointes inégales : celle de gauche plus élevée, semblable à une acropole. A droite, le lac de *Tibériade*. le *Grand-Hermon* et la chaîne des montagnes du *Djaulan;* à gauche, un haut plateau, première assise du *Thabor;* au-dessus le *Thabor* avec sa cime arrondie, dominant tout le pays; puis, fuyant vers le Nord, une suite de hautes collines portant sur leurs flancs le village de *Loubieh* et aboutissant au *Petit Hermon;* enfin, tout au fond le point blanc du *Carmel*. On dirait une sorte de champ-clos.

Nous sommes ici sur le champ de bataille de *Hattin* d'éternelle et lugubre mémoire, le

Waterloo de l'Orient latin (4 juillet 1187). C'est ici qu'après une lutte formidable, qui dura près de deux jours, après une double victoire, après avoir plusieurs fois enfoncé de part en part les escadrons musulmans, l'armée chrétienne, morte de soif, aveuglée par la flamme et la fumée des herbes incendiées par les Sarrasins, tomba pour jamais sous les coups des Infidèles! Il faut lire dans les chroniques orientales (1) le récit douloureux de cette irréparable et pourtant glorieuse défaite!

L'étendard de la Sainte-Croix, enclose dans son étui d'or, étoile et palladium de l'armée Latine, brillait à la cime du mont des *Béatitudes*, alors occupé par une forteresse chrétienne (2). En face, à l'autre extrémité légèrement relevée de la plaine, *Saladin*, à cheval avec son fils à l'entrée de sa tente, considérait anxieusement la bataille. Entre ces deux extrêmes, la mêlée roulait ses vagues furieuses. Appuyée sur le mont des *Béatitudes*, la chevalerie croisée, quoique mourante de fatigue et de soif, se ruait

(1) Extrait du *Kamel Altevarykh*, p. 683 à 687 (*Hist. orientaux des Croisades*, tome I.) — *Anecdotes et beaux traits de la vie du Sultan Youssof*, p. 92 à 96 (tome III) — *Abou'l'Feda*, page 36 (tome I.)

(2) Victor Guérin, *La Galilée*, tome I, pages 193 et suiv. — Les historiens musulmans disent que là s'élevait, durant la bataille, la tente du roi Guy de Lusignan.

avec tant de furie sur les escadrons musulmans que *Saladin* en déchirait ses vêtements de désespoir. Cependant le torrent sans cesse renouvelé des cavaliers sarrazins arrête enfin et refoule la chevalerie latine. « Ils sont vaincus ! » s'écrie le fils de *Saladin*. « Père, la victoire *est* à nous! — Pas encore! répond *Saladin*, hélas non, pas » encore ! tant que tu verras cette croix d'or » briller au sommet de la montagne, la victoire » ne sera pas certaine !... » Au même moment, la croix d'or s'abattait, annonçant par sa chute la défaite sans retour de l'Orient latin.

Une légende, que je crois une vérité, assure que, voyant la bataille perdue et son compagnon, l'évêque d'Acre, mortellement frappé à ses côtés, lui-même sur le point de tomber aux mains de l'ennemi, le chanoine du Saint-Sépulcre auquel, en l'absence du Patriarche, on avait confié l'honneur de porter la Sainte-Croix sur le front de l'armée chrétienne, aurait enfoui dans une crevasse du sol son sublime dépôt, si profondément et si habilement, que depuis, personne jamais ne l'a su découvrir (1). Les musulmans prétendirent que cet inestimable trophée était tombé en leurs mains. Ils

(1) *Chronique d'Ernoul et de Bernard le Trésorier* (édition Mas-latrie), chap. XIV, pages 170, 171, 156 (Paris, Renouard, 1871, in-8°). — *L'Estoire de Eracles Empereur*, pages 46, 90, 171, 174, 177, 178.

mentaient ! Eussent-ils, plutôt que de le rendre quand ils avaient solennellement promis de le faire, eussent-ils laissé devant Saint-Jean-d'Acre, en 1191, l'inflexible Richard Cœur-de-Lion massacrer sous leurs yeux trois mille captifs Sarrasins !... Henri de Champagne, roi de Jérusalem, séduit par les promesses d'un chrétien du pays, fit faire, pour retrouver la Sainte Croix, de secrètes et minutieuses recherches sur le plateau de *Hattin*, mais en vain (1). La Sainte Croix est demeurée dans son étui ensanglanté et sa retraite mystérieuse. Qui sait si quelque pèlerinage ou quelque savant digne de cet honneur ne la retrouvera pas un jour ? Quel cri d'enthousiasme et d'amour la saluerait !

Je gravis à cheval le mont des *Béatitudes*. Superbe vue : on aperçoit encore au fond de son gouffre le lac de *Tibériade* et une immense ceinture de montagnes formant une sorte de cirque. Je me trouve sur un étroit plateau, légèrement incliné de droite à gauche, dont le point culminant est occupé par de gros blocs de pierre volcanique formant des espèces d'assises qui jadis ont dû porter le fier donjon de la citadelle franque, dont les faibles vestiges se voient encore à l'entour. Quelques ouvertures

(1) *L'Estoire de Eracles Empereur*, chap. XLIII, p. 65, 66 (tome II des *Historiens occidentaux*.) — Ernoul, p. 170, 171

à plein-cintre de souterrains ou de petites citernes fuient dans les profondeurs du sol! C'est peut-être là, dans quelqu'une de ces crevasses, que, au moment de la déroute, a été enfoui l'étui d'or renfermant la Sainte Croix! Un champ d'avoine occupe le reste du plateau : mon cheval s'y roule avec délices sans attendre mon consentement. Je me dégage sans aucun mal. Un peu plus loin, le plateau descend par une pente abrupte jusqu'à un second plateau, beaucoup plus étendu, rocheux, semé de quelques oliviers maigres et qui se relève à l'autre extrémité pour former la seconde pointe ou corne de la montagne du *Koroun-Hattin*. Quelques amoncellements de pierre, se dirigeant en droite ligne sur le rebord de ce plateau inférieur, sont peut-être aussi l'un des derniers vestiges de la forteresse.

Le chemin se poursuit monotone, par la triste plaine de *Hattin*, sur l'autre revers du mont des *Béatitudes* qui semble nous suivre des yeux avec une sorte de muet reproche. Sans doute, il nous demande de l'arracher aux mains insultantes du Turc maudit... On descend une combe pierreuse, on remonte la pente opposée : nous voici sous les oliviers et figuiers de *Loubieh* qui, selon l'heureuse expression du P. Bailly, « ont la prétention de donner de l'ombre. » Halte ! le déjeuner nous attend.

Excellent comme toujours, ce déjeuner, et animé par la plus aimable et la plus joyeuse confraternité. Le vin en abondance, mais l'eau fait prime. Toujours l'odieuse bière allemande, offerte avec insistance et à haut prix par les *Drogmans*, et la limonade rose, doucereuse et malsaine.

Quelques pèlerins, moyennant un léger bacchich, font danser au son de la flûte double arabe de pauvres petits indigènes, aux jambes nues, en chemise malpropre grand'ouverte sur la poitrine, et leur font sautiller un quadrille de barrière. C'est un triste spectacle! Un peu plus tard, nous arrachons des mains d'un *drogman* en courroux un petit drôle coupable de quelque menu larcin, auquel il se préparait à donner des coups de bâton sur la plante des pieds. Puis, voici un Arabe qui se plaint, non sans quelque sujet, que l'on ait rompu une longue branche toute fleurie d'un de ses oliviers. On a eu tort, mais ne l'aurait-il pas cassée lui-même pour se faire un légitime prétexte à la réclamation de quelque *baschich*? Les Arabes sont si *fin de siècle!*.....

Réfugié sous l'ombre avare et chatoyante d'un large figuier, à demi étendu sur la terre nouvellement retournée et semée de cailloux aigus, je considère tout cet ensemble étrange, attrayant, mélancolique... Devant moi vient s'accroupir un superbe Bédouin : manteau noir perpendiculairement rayé de blanc, turban bleu foncé à ramages couleur lie de vin, serré par une corde noire en poil de chameau, robe de cotonnade bleue, gros souliers de cuir éculés, ceinture rouge, sac de calicot rouge quadrillé de carreaux jaune-pâle et à fleurs; sur le devant de la poitrine, deux morceaux de grosse toile rayée de jaune, bleu, blanc et rose. Il m'offre par gestes un petit fruit : sorte de pomme d'un vert jaunâtre, répandant une faible et assez agréable odeur. Il me fait signe qu'elle n'est pas bonne à manger. Il veut m'en faire présent, je la lui achète un sou que je dois, pour le rassurer, échanger contre un sou arabe. Il est ravi... Horreur! Voici que l'enfant du désert, que je prenais pour le type idéal de la vie sauvage et libre, méprisant les vulgaires douceurs de la civilisation corruptrice, le voici qui tire de son inépuisable sac de calicot rouge, d'abord un couteau de *Nazareth*, retenu par une chaîne de laiton, puis un briquet de fer, un silex et enfin..... un cahier de papier à cigarettes ! Je suis si surpris que, à son grand effroi, je le lui prends des mains pour l'examiner de près. Il est de fabrique française et daté de 1888. Sauvagerie, tu n'es plus, comme la vertu, qu'un vain mot! .... Sans compter cet odieux télégraphe électrique qui nous suit, curieux et jaloux, depuis *Tibériade*, gravissant la falaise avec nous, courant sur notre gauche, nous devançant, espionnant notre marche, prêt à nous donner des nouvelles du monde civilisé et semblant le fil à la patte mis à l'enthousiasme et à la poésie par l'odieuse réalité. Ses fils noirs et ses poteaux grêles nous précèdent, nous surveillent et semblent nous dire : « Vous vous croyez au désert, allons donc ! »

Bruyant départ à une heure. Grands cris : Le drapeau violet en avant ? — Non, le drapeau vert ! — *Tibériade* en avant !... Tant mieux, c'est mon groupe ! Je pique mon cheval et je pars... Contre-ordre ! c'est *Samarie* qui doit prendre la tête !... Tant pis, je poursuis ma route quand même et me mêle au groupe de *Samarie* où je retrouve l'abbé de Saint-Martin et l'abbé Lucas, l'un et l'autre revêtus de grands peignoirs blancs liserés de rouge et semblant deux fils de bonne famille du temps de la République romaine, vêtus du laticlave bordé de pourpre.

Nous contournons le pied de la montagne dont le village de *Loubieh* occupe les hautes pentes, et nous nous engageons dans une longue vallée en friche (sauf quelques champs de blé maigre), qui court entre deux chaînes de collines rocheuses et de médiocre élévation. La ligne télégraphique persiste à nous suivre : elle côtoie les collines de gauche. Rien d'insupportable comme cette espèce de surveillance !

Debout, au bord du chemin, sur son cheval, le Fr. Liévin élève la voix : « C'est ici, nous » dit-il, le lieu où les disciples cueillirent les » épis le jour du sabbat. » Pas une pierre, pas une ruine, pas une chapelle ne marque cet emplacement !

Nous franchissons deux espèces de seuils rocheux qui barrent la partie de la vallée que nous traversons. Le sol s'élève graduellement. Nous détournons vers la gauche ; nous surmontons une dernière rampe : *Cana* est devant nous. Les cloches du couvent Franciscain carillonnent joyeusement en notre honneur, et, du haut de la terrasse, se déploie la longue flamme blanche aux croix rouges de *Jérusalem*, étendard du pèlerinage.

C'est la *Cana* de l'Évangile. Bâtie au penchant d'un haut coteau faisant partie d'une ligne de hauteurs pierreuses et déboisées, bien que semée par places, comme de taches vertes, de rares prairies où paissent quelques bestiaux, *Cana*, sur la croupe de ces monts stériles, apparaît comme une riante oasis : c'est un joli petit pays verdoyant, avec de nombreux jardins de grenadiers, de figuiers, d'oliviers, clos de murs en pierres sèches entassées, surmontées d'une haie de cactus à fleurs jaunes dont les vides sont comblés par des fagots d'épines.

N'y cherchez rien qui soit, même de loin, contemporain du célèbre miracle. Trois édifices seuls, à *Cana*, méritent quelque attention, et encore..... *L'église grecque*, avec sa coupole centrale et deux petits dômes à l'entrée; la *chapelle de Nathaniel* ou de *Saint-Barthélemy*, aux abords du village ; enfin et surtout l'*église* même de *Cana*, sur les premières pentes de la colline. Tout cela est absolument moderne. Toutefois, l'église Franciscaine (lieu du miracle de l'eau changée en vin) n'est point sans quelque mérite. C'est un édifice à plein cintre, de médiocre étendue, à une seule nef; des colonnes carrées, peintes couleur de marbre jaune, appliquées contre les murs ; un pavé de larges dalles, et un autel de marbre blanc incrusté des croix de *Jérusalem* pourpres ; un chemin de croix, un grand crucifix d'or et d'argent et deux tableaux assez bons, dont l'un, un peu avarié, représentant le miracle de *Cana*. Nous y chantons un salut solennel et le P. Bailly, malgré sa grande fatigue, nous y fait une remarquable allocution sur le mariage chrétien, sanctifié ici même par la présence de Notre-Seigneur, avec son charme profond, ses joies, ses angoisses, ses douleurs et son couronnement final.

Après le *salut*, réfection dans le joli couvent Franciscain, aux salles et corridors voûtés, annexé à l'église. Du café d'abord excellent, mais qu'on additionne d'eau à mesure que survient le demeurant du pèlerinage ; du vin blanc délicieux : le vin de *Cana*, mais un peu ensorcelant ; de l'eau fraîche, en un mot, le *Paradis terrestre*, desservi, en guise d'anges, par des moines prévenants, à longue barbe et en robe de bure.

On retrouve son bidet sur une petite place, un peu en dehors du village, et l'on chevauche jusqu'à *Nazareth* par une large et belle route construite par les soins du Pacha de *Jérusalem*, et à travers un paysage beaucoup plus accidenté que celui de *Loubieh* à *Cana*.

J'arrive cahin-caha, maîtrisant tant bien que mal ma monture difficultueuse, dans une sorte de gorge ou plutôt de petite vallée peu profonde et médiocrement large, comprise entre deux chaînes de hautes collines pelées, mais émaillées çà et là de quelques pâturages. La route, un peu en pente, longe la colline de droite et accélère en quelque sorte sa marche pour rejoindre près du village de *Reineh* le chemin de *Sepphoris*. Le demeurant de la petite plaine est occupé par un spacieux champ de blé. Au milieu de ce champ, à vingt-cinq pas environ de la route, s'ouvre un trou circulaire, assez grand, l'orifice revêtu intérieurement de grosses pierres jaunâtres sans ciment. Je regarde et je m'arrête... un doute me fait tressaillir. Le Fr. Liévin, à ce moment, passe au grand trot : je l'interroge. « Oui, me dit-il, c'est bien la *Fontaine du Cresson,* encore tout empourprée du sang héroïque des chevaliers du Temple et de l'Hôpital. Là, le 1er mai 1187, quelques jours avant la bataille de *Hattin,* le Français Jacquelin de Maillé, maréchal du Temple, avec quatre-vingts de ses chevaliers, soutint, durant tout un jour, l'effort écrasant de sept mille infidèles. Il mourut l'épée au poing, le front tourné vers l'ennemi, couché sur un monceau de cadavres, foulant encore aux pieds l'étendard noir des Abbassides qu'il avait abattu. Il mourut, entraînant dans sa chute le royaume de *Jérusalem,* privé par sa mort d'un de ses plus illustres défenseurs, *Léonidas* de l'Orient latin (1) !

Que je voudrais, sur cette place, voir s'élever, par la main pieuse de la France, une colonne avec inscription votive comme celle de Simonide aux *Thermopyles*, rappelant d'un

(1) *L'estoire de Eracles empereur*, chap. XXVI, pages 39 et 40. — *Chronique d'Ernoul*, p. 146 à 148.

mot le trépas immortel de ces nouveaux Macchabées :

Passant, va dire à Sparte, aux Éphores, aux Rois,
Que nous sommes tous morts pour défendre nos lois!

Il faut dire adieu à ces illustres et poignants souvenirs! Déjà la caravane s'est éloignée, ne demeurons pas en arrière. Voici dans une sorte de bas-fond, au confluent de la route de *Sepphoris,* le joli village de *Reineh* avec ses deux sources, dont l'une, celle de droite, s'épanche dans un sarcophage antique. Au loin, sur la droite, se montre *Sepphoris*, dominée par sa grosse tour carrée, *Sepphoris*, avec sa claire fontaine ombragée de grenadiers fleuris, jadis lieu général de rendez-vous des armées latines, et d'où partit l'armée de Guy de Lusignan, pour aller se faire écraser sur le plateau de *Hattin!*... Quel dommage que notre itinéraire ne nous y conduise pas!

Nous remontons la pente, à travers un joli bois d'oliviers en fleurs. Nous voici au point culminant des deux vallées: d'un côté, *Sepphoris*, avec sa tour; de l'autre, *Nazareth*, avec ses chapelles, *Nazareth*, où nous arrivâmes vers cinq heures du soir, un peu las de nos deux journées de cheval, mais ravis de notre visite au pas de course à des lieux illustrés par les plus augustes souvenirs de l'Évangile et de l'histoire.

Mardi 6 mai.

Un déplorable concours de circonstances, sur lequel je préfère ne pas insister, ne me permet pas, à mon profond regret, de visiter la *Samarie*. Je pars de *Nazareth*, à six heures du matin, dans une voiture grinçante et cahotante pour *Caïffa*. Triste retour !

Dès notre arrivée, nous remontons immédiatement sur le bateau et faisons route pour *Jaffa* où nous arrivons le lendemain matin à six heures.

Mercredi 7 mai.

Jaffa, côte basse, jaunâtre, dominée par une sorte de crête verdoyante ; petite ville aux maisons carrées, quelques-unes avec toiture rouge ; au sommet, une espèce de tour avec un échafaudage. La ligne des constructions est très étendue ; je cherche vainement du regard les deux tours de garde, l'une ronde, l'autre carrée, signalées jadis par tous les pèlerins et dont l'abord était puni de la peine capitale (1). La ville a dû se déplacer vers le Sud. Dans le port, quatre ou cinq vaisseaux, dont deux grands.

(1) *Vergoncey*, livre second, chapitre VIII, page 135.

Comme à *Caïffa*, il faut monter en barque, et franchir, non sans peine, la ligne de récifs d'un vert noir, en forme de dents cariées, qui barre l'entrée du débarcadère.

Après une assez longue marche, nous voici à l'*hôpital Saint-Louis,* fondé par M. Génin, un Crésus lyonnais. La maison, vaste et superbe bâtiment, dessine un carré auquel manquerait une de ses façades. Un cloître spacieux, un joli jardin planté de lauriers roses, fleurs diverses et grenadiers, et surtout une très jolie chapelle romane font de cet établissement un des plus beaux de la *Palestine.* A droite de la chapelle, à côté de la porte d'entrée, je remarque une plaque de marbre noir avec inscription en lettres d'or. Je m'approche :

ICI REPOSE
L'ABBÉ LUCIEN GÉLAS
PRÊTRE DU DIOCÈSE DE GRENOBLE (FRANCE)
DÉCÉDÉ A JAFFA LE 24 OCTOBRE 1884.
ASSOCIÉ A LA FONDATION DE CET HOSPICE
IL Y CONSACRA SON INTELLIGENCE, SON CŒUR ET SA VIE.
DOMINE, DILEXI DECOREM DOMUS TUÆ :
NE PERDAS CUM IMPIIS ANIMAM MEAM.

Hélas ! c'est mon ancien catéchiste et ami l'abbé *Gélas,* homme de cœur et d'esprit, à l'air désabusé, au sourire un peu sardonique. Il eut, je crois m'en souvenir, quelques amertumes dans sa carrière ecclésiastique et, comme les anciens « *désappointés* » (1) prenant le bourdon du pèlerin, il passa outre-mer, et vint consacrer son intelligence et son ardeur à la fondation de cet hospice si précieux aux nouveaux arrivants. Jadis nous avions le privilège de nous rencontrer toujours en des sites impossibles : tantôt au bord de la mer, tantôt dans la haute montagne, tantôt dans les vallons marécageux de Bocsozel et d'Eydoches ; aujourd'hui, je rencontre sa tombe et la salue d'un souvenir fidèle et d'une cordiale prière.

J'ai le vif plaisir de me trouver, sous les arceaux du cloître, en présence de M. l'abbé *Coderc*, chanoine du Saint-Sépulcre, qui, sans me connaître autrement que de nom, m'a toujours témoigné tant d'amitié. Je l'embrasse de tout cœur et le remercie chaleureusement.

Après une légère réfection de pain, bouillon, lait ou café, le tout au plus juste prix, 0 fr. 20 pièce, nous partons, à 8 heures et demie du matin, de *Jaffa* pour *Jérusalem*. Le départ général ne doit avoir lieu qu'à une heure de

(1) Par exemple *Poncet de Rivière*, un des plus dévoués capitaines de Louis XI, disgracié par lui à Orléans, en 1465, et qui, abandonnant tout, partit pour la *Terre-Sainte* et le *mont Sinaï*. (*Chroniques de Jean de Troyes*, col. 272.)

9.

l'après-midi; mais on veut bien m'admettre, avec mes amis, MM. Ludovic des Francs et Chauveau, à prendre place dans la voiture des malades. Nous y trouvons l'excellent abbé Roussillon, secrétaire général de l'évêché de Chartres, qui s'est démis le pied à *Caïffa* et supporte ses souffrances avec une patience angélique.

Je ne décrirai point la route si connue de *Jaffa* à *Jérusalem*. Elle se divise en trois parties nettement tranchées.

I. Les superbes jardins de la banlieue de *Jaffa* ou plaine de *Sâron*, tout remplis de citronniers, lauriers-roses, grenadiers, orangers, figuiers, palmiers, abricotiers, arrosés par de claires rigoles d'eau vive, et ruisselants de verdure, de fleurs et de fruits: un vrai coin du paradis terrestre.

II. La plaine monotone, aux trois quarts en friche, diaprée çà et là de rares champs de blé, et où se dessine à notre gauche, durant quatre ou cinq kilomètres, le remblai, les guérites et les guidons du futur chemin de fer allemand de *Jaffa* à *Jérusalem*. De loin en loin, un village à demi-ruiné, généralement dominé, comme en Égypte, par la masse rébarbative d'une sorte de casemate seigneuriale; ou bien une voûte ogivale, ombragée de beaux arbres, abritant une source verdâtre autour de laquelle se pressent des femmes en sarrau bleu, chargées de cruches de terre noire, et des enfants demi-nus, à la tête rasée sauf une touffe de cheveux sur le front; ou encore une tour de garde, carrée, d'apparence ancienne, mais de date moderne, aux créneaux coniques, moucharabis au-dessus de la porte et petit donjon. Partout, à mesure surtout que nous nous rapprochons des montagnes, à la lisière des champs, au bord des chemins, de petites pyramides, hautes de quelques pieds, formées de pierres en équilibre, superposées et ajustées avec un certain art. Serait-ce une réminiscence lointaine et misérable du pylône égyptien, ou bien l'accomplissement traditionnel de quelque rite religieux ou funèbre?...

A peu près à mi-chemin de cette plaine, on fait halte à la petite ville de *Rama* ou *Ramleh*, l'ancienne *Arimathie* (1), avec sa tour musulmane des *Quarante martyrs*, son hospice franciscain de *Saint-Nicodème*, fondé au xve siècle par le duc de Bourgogne Philippe-le-Bon (2), un sire des Fleurs-de-Lys, son auberge autrichienne, et la très intéressante maison française de

(1) Le savant Père Germer-Durand conteste cette identification dans le *Cosmos* du 7 février 1891, page 259, (Paris, 8, rue François Ier).

(2) *Le Huen, Le grant voyage de Iherusalem, fueillet* xiiij, verso. — *Breydenbach.*

Saint-Joseph de l'Apparition, desservie par quatre religieuses.

III. La région montagneuse, commençant au village de *Lathroun,* le château du Bon-Larron des pèlerins d'autrefois, jadis forteresse des Templiers, posté sur une haute colline nue, non loin du bourg d'*Amouas*, peut-être l'ancienne *Emmaüs*, si curieux par les ruines de sa vieille basilique chrétienne. Un ancien officier français, camarade de promotion du général Boulanger, M. Viallet, en religion P. Marie-Cléophas, celui-là même que nous avons rencontré à Alexandrie, fonde en ce moment parmi les ruines et les sources d'eau vive d'*Amouas,* une maison de Trappistes, comblant ainsi les vœux de toute la colonie française de *Jérusalem,* qui souhaitait avec passion l'établissement en *Palestine* de ces intrépides religieux, véritables pionniers de la civilisation, si célèbres par leurs défrichements, et qui semblent avoir fait un pacte avec la terre et la science agricole.

La route, très pittoresque, large et bien construite, plonge à travers le massif pierreux et désert des montagnes de *Judée,* aux cimes coniques souvent couronnées de ruines, aux gorges profondes, aux pentes ardues, tantôt dénudées, tantôt couvertes de taillis de chêne, ou de lignes d'oliviers.

Les points les plus remarquables de ce parcours sont :

Le Khan de *Bab-el-Aouat* (ou *Bab-el-Ouâdi*), à l'entrée des gorges, à droite de la route, tenu par des Allemands, qui nous offrent à des prix judaïques de la bière, du thé, de la limonade que nous nous empressons de refuser. Ils se dédommagent sur l'eau claire, dont ils me font payer un modeste verre 0 fr. 20. A l'une des extrémités de ce khan, sous une espèce de hangar de pierre, j'aperçois avec surprise un *Bachi-Bouzouk,* gravement accroupi, son sabre à poignée d'argent en travers sur ses genoux, aux lèvres une pipe monumentale, et, à côté de lui, debout contre la muraille, un long fusil décoré de clinquant. Les routes seraient-elles moins sûres qu'on ne nous l'affirmait, ou bien serait-ce une précaution turque contre la turbulence présumée de notre pèlerinage?...

Le village d'*Abou-Gosch*, ou de *Kiriet el-A'nab,* échelonné en gradins sur le flanc d'une colline, jadis repaire des brigands arabes à l'affût des voyageurs, aujourd'hui débonnaire bourgade remarquable par sa charmante église de *Saint-Jérémie,* un joyau des Croisades, aujourd'hui propriété de la France et malheureusement en ruines.

Le pont du *Térébinthe,* théâtre prétendu du

duel épique entre David et Goliath, avec son auberge orientale, tout illuminée, où nos guides musulmans, sans souci de notre impatience, fêtaient à grand bruit les joies nocturnes de leur *Ramadan*.

N'oublions pas sur notre droite, un peu avant le pont du *Térébinthe*, au penchant d'un ravin, les ruines d'une forteresse et d'un village latin à demi ensevelies sous les ronces et la verdure (1); et signalons aussi les nombreux restes de donjon qui de loin en loin couronnent les cimes solitaires.

Quels admirables architectes que ces Croisés, et combien on se sent pénétré pour eux d'estime et de respect à la pensée que, si peu nombreux, en si peu d'années, avec si peu de ressources, d'une main tenant l'épée, de l'autre la truelle, à demi écrasés sous la pression de plus en plus étouffante du monde musulman, ils ont élevé tant d'églises, de couvents, de forteresses, de tours de garde ! Les Infidèles eux-mêmes s'en étonnent et leur rendent hommage (2). Quels hommes et combien on doit se sentir fier d'être de leur nation, de leur foi et de leur race ! Je dis de leur race, car, comme le proclame si

(1) Probablement *Kharbet Ikbalah*, l'*Aqua bella* des Croisades.

(2) *Historiens orientaux des Croisades* (édit. de l'*Acad. des Inscr. et B. L.*), tome III, pages 421, 422; t. I, p. 706.

bien le savant et regretté M. Vallet de Viriville : « *Nous sommes tous fils des Croisés, tous; tout* » *Français a eu un ancêtre à la Croisade;* » *quelques-uns peuvent l'établir, les autres ne* » *le peuvent point, voilà la seule différence !* »

Des chameaux nonchalants, marchant à la file d'un pas automatique, et portant sur leur dos de lourdes caisses retenues par des cordes en fil de palmier, nous croisent en route. Véritables images de la résignation et du fatalisme oriental, ils portent sans doute à *Jaffa* les colis de quelqu'un des nombreux pèlerinages qui nous ont précédés (1). Ils sont conduits par des Arabes, en turban blanc serré par un cordon noir, en chemise blanche ou rose avec ceinture de cuir rouge soutenant une paire de vieux pistolets à pommeau d'argent, sur le tout, un grand manteau de laine rayé perpendiculairement de blanc jauni et de noir, et parfois rapiécé de bleu ou de rose. Les plus élégants y ajoutent un grand sabre recourbé à poignée d'argent ciselé, au fourreau de bois relié par des ficelles.

(1) Puisque l'occasion s'en présente, disons tout de suite que *onze* pèlerinages catholiques avaient précédé le nôtre en *Terre-Sainte* : c'étaient les pèlerinages *Anglais, Espagnol, Bavarois, Belge, Autrichien, Polonais, Italien, Américain, Prussien, Canadien,* et le pèlerinage *français* de la rue de Furstenberg.

La nuit est venue, profonde, presque inquiétante à cause des méandres abrupts de la route côtoyant le précipice, et de l'insouciance de notre conducteur syrien ballotant endormi sur son siège. Nous franchissons péniblement une montée interminable, où les seuils de montagnes se succèdent. Au fond d'une espèce d'entonnoir, à gauche, on aperçoit les feux du village de *Beit-Iksa.* On monte toujours, la voiture craque, les chevaux haletants semblent toujours sur le point de s'abattre. Enfin, droit devant nous, sur une sorte de plateau qui paraît servir de faîte à la longue et âpre montée, voici des lumières nombreuses. Le conducteur, jusque-là si insoucieux, sort de sa torpeur, désigne les lueurs du bout de son fouet : *Ierousalem !* dit-il !...

Un faubourg très long, ponctué de lumières, des maisons assez basses (le quartier Juif, paraît-il), le mur interminable du colossal établissement Russe : voilà le premier aspect de *Jérusalem* à onze heures et demie du soir. On tourne un angle de la route : nous voici devant *l'hospice Saint-Louis,* où nous déposons le bon abbé Roussillon, vrai modèle de patience et de résignation. On fait encore quelques pas, c'est mon tour de descendre : nous sommes à *Notre-Dame de France,* l'hospice des Pères de l'Assomption. Quel nom d'heureux augure! La voiture s'éloigne, emmenant mes compagnons de voyage du côté de *Casa-Nova*, chez les Franciscains.

Je sonne à la porte de *Notre-Dame de France*. On vient d'un pas un peu tardif : un frère aimable, mais légèrement effaré, me souhaite cordialement la bienvenue. Tout le monde repose : la dépêche annonçant notre arrivée pour le lendemain matin n'a été reçue qu'il y a une heure. Le souper aussi se fait un peu attendre, mais il est excellent ; nous faisons place auprès de nous à nos deux pauvres Dominicains haletants, épuisés, dont la voiture, qui précédait la nôtre, s'est cassée en route, et que la présence du pèlerinage Espagnol n'a pas permis de recevoir à *Casa-Nova*. On m'assigne la cellule n° 57, au mobilier un peu sommaire, mais charmante et d'une exquise propreté. Enfin je suis donc à *Jérusalem ! Jérusalem*, but de mon voyage et espoir de ma vie !

Jeudi 8 mai.

Nuit excellente ! Réveil à cinq heures du matin. Je cours au *Saint-Sépulcre*, première joie et premier devoir du pèlerin. J'en ignore la route, mais qu'importe ? Trop d'amour nous unit, le Saint-Sépulcre et moi, j'en ai trop désiré l'enivrante et chère vue, trop étudié l'émouvante et sainte histoire pour n'en pas découvrir aussitôt, sans défaillance et sans erreur, le chemin bien-aimé. Une attraction magnétique, fil d'Ariane de l'âme, m'y conduira.

Je franchis la porte nouvelle tout récemment ouverte, grâce aux bons Pères de l'Assomption, dans le mur de *Jérusalem*, et baptisée d'une commune voix par les pèlerins du beau nom de *Porte-de-France*. Une foule de mendiants arabes, sortant des décombres amoncelés, se précipite sur moi comme un vol d'oiseaux de proie, avec des cris discordants: *Sanio! Sanio!!* Je les écarte du moulinet de ma canne. Je tourne à gauche, me voici devant *Casa-Nova,* l'hospice Franciscain. La rue, étroite, sombre, caillouteuse, voûtée par places, coupée çà et là par des marches inégales, s'incline d'une pente rapide. Une ruine en face de moi, en pierres soigneusement appareillées, avec des contreforts saillants et, sur la gauche, une porte ogivale murée, à demi enfoncée en terre et décorée de deux colonnes et d'une moulure en dents de scie; c'est l'ancien *Palais patriarcal*, fondé au ve siècle par l'impératrice Eudocie, réparé par les Croisés, et qui précédait la basilique du Saint-Sépulcre. C'est là que le patriarche Daimbert de Pise, nous dit Albert d'Aix, avec son ami le légat du Pape, dépensait en festins l'argent des quêtes et les subsides de la Terre Sainte, et que, un jour, le roi Baudoin Ier, au paroxysme de la colère, vint les surprendre, déchirant leur manteau et frappant la table du banquet du pommeau de son épée (1). Là aussi s'élevait, au moins selon toute apparence, le Séminaire de Jérusalem, fondé au VIe siècle par l'évêque Hélias (2).

Je tourne à droite, puis à gauche, par des rues sombres et obscures, sillonnées çà et là d'une raie de lumière, et qui se coupent à angle droit. Les boutiques s'éveillent et s'entr'ouvrent; ici, des fruits, oranges, citrons, mûres noires et abricots, des bonbons roses et blancs; là, des chapelets d'ambre, de nacre et d'agate, des cierges coloriés, de la myrrhe, de l'encens, des icones grecques peintes couleur de bistre sur fond d'or. Les vendeurs de chapelets m'aperçoivent, fondent sur moi, me tirant par le bras: « Mon ami, mon père, moi catholique, bon » marché, venir, mon ami !... » Je franchis une dernière voûte ogivale plus éclairée que les précédentes, je descends quelques marches plus hautes et plus raides... me voici au parvis du *Saint-Sépulcre*.

(1) Albert d'Aix, *Historiæ, lib.* VII, 58 à 62.

(2) *Vie de saint Étienne le Sabaïte*, cap. V § 44, note *a* (Bollandistes, 13 juillet, tome III de juillet.)

...A ma gauche, la célèbre colonne, débris de l'ancien cloître, au chapiteau treillissé en forme de corbeille tant de fois reproduit; et, plus loin, à l'angle de la façade, la tour carrée décapitée par les siècles, où sonnaient jadis les dix-huit cloches (1) brisées par Saladin (2) qui donnaient l'heure et le ton à toutes les églises de la Terre Sainte (3). A droite, Sainte-Marie-Latine, fille de Charlemagne, aujourd'hui couvent grec. A mes pieds, l'étroite place carrée, pavée de larges dalles, tombes de morts inconnus, où les Syriens, obséquieux, menteurs et fripons, étalent leurs chapelets multicolores. En face de moi, la glorieuse façade de l'église du *Saint-Sépulcre*, avec ses nobles et pures ogives, ses frises sculptées, ses colonnes de marbre précieux et sa chapelle du *Stabat-Mater* faisant saillie et comme avant-corps : inappréciable et auguste monument de la piété de nos aïeux. Une envie irrésistible me prend de baiser ces dalles augustes...

Je franchis le seuil où jadis les pèlerins, comptés un à un « comme des brebis », payaient

(1) *Relation d'un voyage fait au Levant,*, etc., par M. Thévenot, p. 372. (A Paris, chez Thomas Ioly, MDCLXIV in-4°).

(2) Félix Fabri, *Evagatorium in terram sanctam,* etc., t. II, p. 292. (*Stuttgardiæ*, 1843, 3 vol. in-8).

(3) *Idem.* p. 152.

aux douaniers musulmans le tribut réglementaire de neuf sequins d'or par tête, donnant un coup d'œil en passant à la tombe de Philippe d'Aubigny, un des compagnons de Frédéric II, avec son large écusson chargé de trois vastes losanges.

Devant moi, à quelques pas de l'entrée, la *Pierre de l'Onction,* revêtue de marbre blanc veiné de rouge, dominée par une file de lampes de couleur et d'œufs d'autruche blancs et bleus. A ma droite, une haute chapelle à galerie de fer sous laquelle s'ouvre une crypte noirâtre et où l'on accède par un rapide et glissant escalier. C'est le *Calvaire*, avec ses trois autels tout étincelants de dorures et la fente miraculeuse et profonde qui sillonne son rocher déchiré; la crypte qui s'ouvre à la base, c'est la légendaire chapelle d'Adam, dite autrefois de *Notre-Dame de Pitié* (1), où furent ensevelis Godefroy de Bouillon et son frère Baudouin, si bien nommés par Châteaubriand les rois-chevaliers. A ma gauche, des voûtes sombres, des colonnades sans caractère, des loges malpropres, officines et repaires des Grecs. Attiré par une vague lueur et par une sorte de pressentiment, je franchis un cercle de hautes arcades, soutenues par des piliers carrés, sans élégance

(1) Thévenot, 381-382.

et sans ornements. Je me trouve sous une vaste coupole, largement éclairée à son sommet par une ouverture circulaire.....

Au milieu de cette rotonde, un petit édifice isolé, entièrement semblable à une église en miniature. Autour, des femmes prosternées, en linceul blanc, et des moines farouches, en robe noire et des cierges à la main, chantant d'un ton suraigu une mélopée plaintive. Tout revêtu de marbre jaune, avec inscriptions en caractères bizarres et colonnes d'applique aux torsades et volutes capricieuses, divisé en deux parties : d'abord un petit vestibule rectangulaire précédé d'une sorte de plate-forme, la porte étroite et carrée, surmontée d'un tableau d'orfèvrerie représentant la Résurrection ; puis, à la suite, une chapelle plus spacieuse, carrée aussi, dominée par un clocheton à bulbe d'un métal verdâtre... l'aspect en est si étrange que je demeure saisi... Qu'ai-je devant les yeux, un édifice ancien ou moderne? Quel est l'âge de ce monument? — Hélas! c'est le *Saint-Sépulcre* tel que nous l'a fait le vandalisme des Grecs en 1810, après l'exécrable incendie de la nuit du 11 au 12 octobre 1808, un des grands crimes de l'histoire! Les inscriptions en lettres exotiques sont des textes grecs; les colonnes aux fûts grêles et aux chapiteaux contournés sont l'œuvre d'artistes Phanariotes; l'air de vétusté provient de la couleur du marbre et de la fumée perpétuelle des lampes qui brûlent jour et nuit (1). Tout cela, malgré son apparence archaïque, est absolument moderne et n'a pas 90 ans : mais c'est le *Saint-Sépulcre!...*

Le voilà donc enfin, ce monument auguste, cœur sanglant de la chrétienté, sanctuaire miraculeux où se livra durant trois jours le duel fatidique, base de notre religion, le duel mystérieux et formidable entre la mort et la vie. Inestimable reliquaire, héroïque et sublime joyau, « couronne des chrétiens » (2) pour l'amour duquel l'Europe enthousiaste et aventureuse versa sans pâlir le sang fidèle de deux millions de ses enfants !

L'intérieur est divisé en deux oratoires.

Le premier dit *Chapelle de l'Ange*, parce que c'est là que l'Ange apparut aux saintes femmes, est obscur, simplement décoré de plaques de marbre, percé à droite et à gauche de deux ouvertures ovales par où, le samedi saint, l'évêque grec passe à la population schismatique le prétendu *Feu sacré*, et ayant au centre une sorte de cippe ou d'autel cubique dont la face supérieure est formée par un fragment de la pierre qui fermait originairement l'orifice du Sépulcre.

(1) Mgr Mislin, tome II, p. 311, 312.
(2) Félix Fabri, tome II, p. 247.

Au fond, une ouverture quadrangulaire, très basse et exiguë, donne accès dans le véritable caveau sépulcral de Jésus-Christ. On y entre ployé en deux, mais non plus déchaussé comme jadis, et l'on se trouve dans un réduit rectangulaire, sorte de couloir étroit et élevé, pouvant à peine contenir quatre personnes à genoux, et splendidement illuminé par quarante-trois lampes ardentes. La majeure partie de ce couloir est occupée par un long banc de marbre blanchâtre, élevé de trois pieds environ au-dessus du sol, et sillonné en diagonale par une longue et profonde rainure. Sous cette chape de marbre se cache le lit triomphal de Jésus-Christ, le long banc de pierre incisé dans le roc du Sépulcre, sur lequel se recueillit pendant trois jours son corps divin, figé par la mort, tout embaumé des pleurs de Marie et des parfums de Madeleine, et d'où il se releva glorieux, éblouissant, rayonnant et vainqueur! La rainure en zigzag qui sillonne le marbre est l'œuvre d'un bon Franciscain qui naguère a usé sa vie à creuser, avec une pointe d'acier, la dalle qui recouvre la pierre même du Sépulcre. Il mourut, nous dit le savant frère Liévin, au moment où son ciseau fidèle allait percer la dernière couche de marbre, mince comme une feuille de papier, et atteindre enfin le but si ardemment poursuivi...

Français, qui t'agenouilles devant ce marbre sacré et baises avec transport cette tombe ineffable, à la fois glorieuse et vaincue, d'où l'immortalité, l'honneur et la civilisation ont rayonné sur le monde, souviens-toi que parmi ces foules innombrables que l'Europe catholique et féodale lança durant trois siècles à la conquête du Saint-Sépulcre, tu comptais certainement quelqu'un de tes ancêtres ! Oui, pour délivrer cet inappréciable trophée, un homme au moins, un homme de ton sang, de ton nom, de ta race, un de tes pères tomba jadis sur les chemins de *Jérusalem*, compris parmi ceux que le bon moine Robert appelle du beau nom de *Peregrini milites Sancti Sepulchri* (1). Qui sait s'il n'est pas entré, à la suite de Raymond de Toulouse, de Tancrède ou de Godefroy de Bouillon, dans cette basilique illustre « les mains collées par le sang sur la garde de son épée », suivant l'énergique expression de l'élégie arménienne (2). Peut-être tes genoux foulent-ils la place où il vint s'agenouiller !

Songe aussi, songe à ces innombrables

(1) *Historia hierosol*, II, 2. — Tudebode, *Hist. de hierosol. itin*, V, 1, 2, 10.

(2) *Historiens arméniens*, (édition de l'*Acad.* des *Inscr.* et *B. L.*) tome I, page 329.

pèlerins qui, depuis la fin des Croisades, sont venus se prosterner dans cette crypte sublime et demander la vie éternelle au lieu où la mort, comme un lion terrassé, dut abandonner sa proie! Bravant les périls du chemin, les horreurs de la traversée, la rencontre des corsaires, l'avarice des Turcs, la massue des Arabes et la mort toujours présente, ils sont venus tour à tour, intrépides, austères et pieux, s'incliner au lieu même où tu es en ce moment. Quelques-uns, en récompense de leur téméraire ardeur, ont été armés Chevaliers ici-même, le front appuyé sur le marbre du Sépulcre. Peut-être, toi aussi, obtiendras-tu cet honneur. Savoure donc le bonheur que tu possèdes et emporte d'ici un impérissable et radieux souvenir!

Décrire l'église du Saint-Sépulcre est impossible! Comment dépeindre cet ensemble étonnant, ce dédale de rotondes, de chapelles, de voûtes, de cryptes, de sanctuaires, de galeries, d'escaliers, de colonnades, tous ces Lieux Saints, les uns de plain-pied, les autres à demi souterrains, quelques-uns formant terrasse et portés sur de hauts gradins; ceux-ci rayonnant de clarté, d'orfèvrerie, de tableaux à fond d'or, ou éclairés par des ciels-ouverts; ceux-là ténébreux, voûtés en berceau, ou même s'enfonçant dans les profondeurs du sol, et illuminés soit par l'embrasement des cierges, soit seulement par une lampe timide, étoile solitaire de la nuit? Comment surtout dépeindre cette basilique martyre, si contraire à l'idée que nous nous faisons d'une église, tant de fois ruinée, portant sur ses murs et ses colonnes superbes les marques illustres de la magnificence des impératrices et des rois; aujourd'hui proie des sectes, partagée entre les hérésies, vendue pièce à pièce par le musulman avare, décorée par chacun selon sa mode, où l'on chante en toutes les langues, où l'on boit, mange, fume et dort, étincelante de clinquant et si peu recueillie, mais dont chaque pierre, pour ainsi dire, marque l'emplacement d'un miracle, dont chaque dalle recèle une tombe historique, qui inspire à la fois une vénération profonde, un ardent amour et une immense pitié, et où depuis plus de quinze cents ans sont venues s'agenouiller avec ardeur tant de générations de fidèles. Les larmes tombent des yeux à la pensée qu'on a le bonheur d'être l'un d'entre eux et de se prosterner à son tour sous les voûtes de cet inappréciable sanctuaire, dont tous les autres ne sont que l'image amoindrie. Tout s'oublie, tout s'efface, toute douleur disparaît devant ce sentiment! On voudrait incruster ses genoux dans les dalles et s'y fixer à jamais, perdu dans une divine extase, comme ce vieux pèlerin, agenouillé devant le *Calvaire*, qui, les mains jointes et les yeux au ciel, expira de douleur et d'amour (1). Comme on envie son sort!

Et, au point de vue de l'archéologie, quelles découvertes à faire, quelles merveilles à retrouver dans les parois, dans les cryptes, sous les dalles et dans le sol de cette basilique que les générations chrétiennes et les dynasties royales s'étaient plu à embellir et à parer. Où est aujourd'hui cette chapelle de *Saint-Michel* qui gardait les tombes des patriarches de *Jérusalem* (2)? Où gisent maintenant les ossements des rois Latins, dispersés par le vandalisme des Grecs? Où sont les tombes de ces 40 martyrs signalées par un pèlerin du douzième siècle (3), et les pierres funèbres de tous ces chevaliers morts pour la défense des Saints-Lieux (4) et dont l'un, étendu percé de coups, devant le *Saint-Sépulcre*, se releva miraculeusement durant la nuit pour consoler son compagnon en pleurs, et l'inviter à le rejoindre le len-

(1) Vergoncey, *Le nouveau et dernier voyage de Jérusalem*, p. 265 (A Paris MDCXXXIII, in-8).

(2) *Cartulaire du Saint-Sépulcre,* (édition Rozière), n° 168, page 306.

(3) *Innominatus* II, page 120 du *Theodorici libellus de locis sanctis* (édition Tobler, 1865, in-12.)

(4) Albert d'Aix, XII, 29. — Hody, *Godefroy de Bouillon,* etc., p. 437, 438.

demain dans l'éternelle fête et la gloire du ciel ? (1)

LE CÉNACLE — L'ÉGLISE ARMÉNIENNE DE SAINT JACQUES — LA TOUR DE DAVID — L'ÉGLISE SAINTE ANNE — LA MOSQUÉE D'OMAR — LE COUVENT FRANCISCAIN DE SAINT-SAUVEUR.

Notre séjour à Jérusalem s'est prolongé du jeudi 8 au lundi 26 mai. Hélas ! que ce temps est bref, surtout quand, comme moi, on en détourne trois jours pour aller à *Jéricho,* au *Jourdain* et à la *mer Morte!* Comment, en si peu de temps, visiter en détail et étudier d'une façon tant soit peu complète cette ville fameuse, dont chaque pierre, dont la poudre même est une relique et où, selon le mot de mon confrère et ami M. de Bournonville, on oublie tout : Rome, l'Égypte, la France, presque sa famille et tous les siens ! Combien j'approuve et envie mon compatriote, le comte de Piellat, qui a généreusement fondé à *Jérusalem* l'hôpital Saint-Louis et s'y est fixé pour toujours ! Comment surtout décrire tant de monuments, tant de sanctuaires, tant de chapelles, tant de

(1) *Historiens occidentaux des Croisades*, tome III, pages 307 et 308 (édition de l'*Acad. des Inscr. et B. L.*)

couvents, tant de sites historiques, tant d'œuvres diverses, toutes plus attrayantes et plus utiles les unes que les autres !

Et cependant, je manquerais à mon devoir fidèle d'historien du IXe Pèlerinage de Pénitence, si je n'essayais une courte description et comme une vue à vol d'oiseau de *Jérusalem*, au point de vue des sanctuaires à visiter.

Jérusalem dessine une sorte de carré irrégulier, incliné de l'ouest à l'est et porté sur deux collines principales, le mont *Sion* et le mont *Moriah*, séparées par une dépression profonde. Le tout est enclos d'une enceinte de hautes murailles, d'un jaune sombre presque noir, percées de superbes et rares portes ogivales, de longues meurtrières et couronnées de créneaux bizarres, coniques, affectant la forme d'une petite pyramide à étage. Ces murailles très bien construites, et encore fort imposantes, quoique peu épaisses et peu redoutables, sont relativement modernes : elles ne datent que du milieu du seizième siècle et ont été construites en 1534, par ordre du sultan Soliman, mais avec des matériaux et des blocs provenant des anciennes enceintes de la ville, ce qui leur donne comme un parfum d'antiquité, la majesté et l'aspect parlant des siècles disparus.

A l'intérieur de ces murailles, sur les deux

plateaux et les pentes qui portent la ville de *Jérusalem*, six monuments attirent et concentrent tout d'abord l'attention. Ce sont — sans parler du *Saint-Sépulcre* que nous avons suffisamment étudié — le *Cénacle*, l'église *arménienne de Saint-Jacques*, la *Tour de David*, *l'église Sainte-Anne*, la *mosquée d'Omar* et le *couvent franciscain de Saint-Sauveur*. Décrivons-les brièvement.

Et d'abord le *Cénacle*. Perdue en dehors des murailles, à l'extrémité sud-ouest du mont Sion, à deux pas du cimetière actuel des pèlerins, l'ancienne église, aujourd'hui mosquée, du *Cénacle*, occupe le centre d'un massif de bâtiments délabrés, moroses, fourmillant de peuple et dominés par un minaret branlant. Au premier abord on se demande où l'on va, mais après avoir dépassé successivement : un long couloir ogival, une petite cour, un escalier disjoint à rampe de fer et une sorte de terrasse dallée avec restes d'ogives et niches sculptées, on franchit, en courbant la tête, une porte basse et l'on se trouve dans une belle salle voûtée en ogive, éclairée par trois fenêtres grillées de bois et soutenue par onze colonnes de marbre gris-jaune à chapiteaux corinthiens ou romans peints en rouge. Des chapiteaux partent de fortes nervures formant arceau et soutenant les voûtes. La nudité des murs blanchis à la chaux est relevée par une niche ogivale sur le mur de droite couverte de noms écrits au crayon, et surtout par deux inscriptions arabes : l'une en lettres jaunes sur fond noir liseré de vert, l'autre en grands caractères blancs sur fond bleu. A terre, un large dallage grossier et fendu. Dans la paroi qui fait face à l'entrée, la petite porte d'une autre salle ou chapelle plus reculée et aujourd'hui inaccessible offre une charmante ogive décorée de cubes en relief, et surmontée d'une niche à colonnettes carrées et rondes.

Entre la porte qui nous a livré passage et le mur de fond, un baldaquin de pierres blanches, noires et rouges en forme de dôme, cimé d'un croissant, et soutenu de fines colonnes antiques aux chapiteaux peints en gris, donne accès dans un escalier qui plonge mystérieusement dans les profondeurs inconnues, d'abord du rez-de-chaussée, puis très probablement d'une crypte. Je veux y pénétrer, un soldat turc me prend par le bras et me rejette violemment au dehors...

A l'extrémité opposée, quelques marches hautes et étroites conduisent à une chambre supérieure sans caractère, où l'on nous permet d'entrevoir par une lucarne grillée, pratiquée dans un mur épais, une autre salle voûtée grossièrement en ogive, couverte de nattes et renfermant, sous une espèce de niche blanchie, un très grand catafalque paré de vieilles draperies jaunes, vertes et rouges. Ce catafalque est le prétendu *tombeau de David,* dont le sépulcre, au dire des Musulmans, se cacherait dans un caveau souterrain. Inutile d'ajouter que tout cela est pure fantaisie, et que le *tombeau de David* n'a jamais été là. Il est plus que probable qu'il faut le chercher, ainsi que celui de Salomon et des rois de *Juda*, à l'extrémité méridionale du mont *Moriah*, sur les pentes du lieu dit *Ophel,* où, disent quelques savants, s'élevait jadis le palais des rois hébreux, et auquel il faudrait, selon toute apparence, restituer le nom de *mont Sion,* attribué à tort à la haute colline sur laquelle s'élèvent le *Cénacle* et la *Tour de David* (1).

Si nous rentrons dans la ville par la voûte bariolée et profonde de la superbe *porte de Sion*, nous distinguons, après avoir franchi un labyrinthe d'abominables ruelles, la belle *église des Arméniens,* bâtie sur le lieu où saint Jacques, premier évêque de Jérusalem, aurait subi le martyre. Formée de deux églises juxtaposées dont l'une renferme la tombe de saint

(1) Perrot et Chipiez, *Histoire de l'art dans l'antiquité,* tome IV, *Judée,* pages 163 à 166. — *Revue historique,* tome 44ᵉ, nº de novembre-décembre 1880, page 404, article de M. Clermont-Ganneau.

Macaire (1), voûtée en ogive et soutenue par des colonnes carrées à chapiteaux corinthiens, toute ruisselante de dorures, d'orfèvrerie, de mosaïques, de croix d'or et d'argent, de missels à reliure d'argent et vermeil, d'icones à fond d'or, cette église est l'un des plus précieux spécimens de l'art byzantin dont la tradition toujours vivante se continue en Orient. J'y remarque surtout deux superbes tableaux. L'un au-dessus du grand autel, sous un baldaquin de bois sculpté et doré, représente la Sainte Vierge, d'une taille surhumaine, tenant l'Enfant Jésus dans ses bras et assistée d'un côté de saint Jean-Baptiste portant sa tête, de l'autre d'un évêque, probablement saint Jacques. Le second, au cadre remarquable mi partie or et écaille incrustée de nacre, représente aussi la Sainte Vierge l'étoile sur l'épaule, peinte de couleur bistre sur fond d'argent à fleurs repoussées, vêtue en impératrice, la couronne au front, tenant en main le sceptre et la boule du monde, parée de colliers, agrafes et bracelets, le tout d'or en relief. Un petit réduit, tapissé de carreaux de faïence blanche et bleue, marque, dit-on, la place même de la décollation de saint Jacques. A l'entrée de l'église

(1) L'évêque de *Jérusalem* qui aida sainte Hélène à découvrir le *Saint-Sépulcre* et la *Sainte-Croix*.

s'étend un large vestibule et au dehors, une petite place, de l'autre côté de laquelle se déploie le palais patriarcal arménien, avec son beau jardin planté de cèdres et de cyprès. Dans ce palais, se conserve une remarquable collection d'anciens émaux, que seul notre confrère et ami Léon Dumuys a eu la bonne fortune de pouvoir admirer. Les uns, les plus beaux, jalousement enfermés dans une cassette, ornent des décorations qui parent, aux grands jours de fête, la poitrine de Mgr *Véhabédian*, patriarche arménien de *Jérusalem*. Ce sont des médaillons ovales ou arrondis, encastrés dans des plaques d'argent et entourés de filigranes ajourés, étincelants de diamants, émeraudes et rubis (non garantis bien entendu). Le plus précieux de ces émaux représente la *Résurrection* : sur le premier plan, le tombeau découvert ; au-dessus, le Christ montant vers le ciel, d'une main bénissant, de l'autre tenant une bannière ; sur le second plan, trois soldats dont le plus éloigné met la main sur la garde de son épée. Le Christ, vêtu de rose, est entouré d'une gloire rayonnante jaune vif, elle-même ceinte de nuages. Le dessin et le coloris sont extrêmement fins et donneraient l'impression d'une peinture sur porcelaine. Le style paraît être celui du XVIIIe siècle.

La seconde catégorie d'émaux orne une

volumineuse tiare en velours rouge, de forme bulbeuse, surmontée d'une croix, ainsi qu'un calice très riche, mais lourd et peu artistique, conservés l'un et l'autre dans le trésor de l'Église arménienne de *Saint-Jacques*. Ces émaux, de second ordre pour ainsi dire, et inférieurs aux premiers, ont des tons violents, presque criards : rouge, vert, bleu, et représentent des têtes d'anges ou de saints, des fleurs, des rinceaux et ramages coloriés. D'autres merveilles religieuses se conserveraient encore, paraît-il, dans une sorte de petit musée appartenant aux Arméniens, et situé près de la porte de *Sion* (1).

En marchant toujours vers le nord, dans la direction de *Notre-Dame de France*, on rencontre au penchant de la colline de *Sion* une méchante citadelle, gardée par un poste de soldats turcs en tunique grise, et entourée d'un large fossé sans eau. Au-dessus des bâtiments, les dominant de sa masse épaisse et jaunâtre, une énorme tour rectangulaire presque sans ouvertures, portant sur son faîte crénelé le drapeau ottoman, et construite à sa base de blocs magnifiques, tous égaux, admirablement joints, et taillés en pointe de dia-

(1) Je dois tous ces détails à l'obligeance de mon excellent ami M. Léon Dumuys.

mant. C'est la *Tour de David,* l'ancienne tour *Phasaël*, construite par Hérode en l'honneur de son frère, laissée debout par les Romains après la ruine de *Jérusalem*, comme un trophée de leur victoire, et qui, depuis lors, a servi de citadelle à la Ville Sainte. C'est là que, le 16 juillet 1099, le comte Raymond de Toulouse entra par composition et arbora sa bannière qu'il eut tant de peine, quelques jours plus tard, à abaisser devant celle de Godefroy de Bouillon ; là que, sous les rois latins, la vigie inquiète inspectait l'horizon montagneux et signalait à coups de clairon, soit les mouvements suspects des cavaliers musulmans dans la campagne solitaire, soit les signaux de feu des forteresses transjordaniennes annonçant l'approche de l'ennemi. Là que se retira, en 1152, la reine Mélisende, assiégée par son fils, le fougueux Baudouin III ; là que se réfugiait, en cas d'alerte soudaine, la population chrétienne de *Jérusalem* après la destruction des murailles par les Sultans de *Karac* et de *Damas*. Les historiens des Croisades l'appellent : « Le chef et la tête de tout le royaume de Judée (1). »

La *Tour de David* domine un carrefour,

(1) Guillaume de Tyr, IX, 3. — Raymond d'Aiguilhes, *Hist. Hierosol.* cap. XLII. — Foucher de Chartres, I, 18.

sorte de place étroite où jadis les rois de *Jérusalem* passaient en revue leurs petites armées. Si nous prenons à gauche, nous parvenons au Consulat d'Angleterre et à la porte de *Jaffa*, en passant devant le Syrien *Boulos Meo*, le grand vendeur de chapelets. Si nous poussons droit devant nous, nous aboutissons au *Patriarcat latin* et à sa jolie cathédrale toute récente et toute gracieuse, avec ses hautes fenêtres ogivales, ses vitraux coloriés, ses arceaux, ses peintures à fresques et ses tables de marbre portant, en lettres d'or, la liste des chevaliers du Saint-Sépulcre fondateurs de messes perpétuelles dans ladite église.

Si nous descendons à main droite, nous arrivons au *Saint-Sépulcre*, aux ruines de l'*hôpital Saint-Jean*, jalousement gardées par l'aigle noire de Prusse, au bec et aux serres sanglantes, et enfin au *bazar* si animé, si curieux à certaines heures du jour, et où l'on vend de tout, depuis les petits couteaux informes, jusqu'à la bijouterie fausse, la ferraille, le bric-à-brac, la poterie, les plats de cuivre, les étoffes panachées, et les massues de bois dur dont se servent les Arabes pour causer avec le voyageur imprudent qui s'est écarté de la caravane. Si l'on continue toujours tout droit, en suivant le fouillis des ruelles enchevêtrées et noirâtres, et en inclinant sur la gauche, on trouve une longue rue, traversée par l'arc imposant de l'*Ecce-Homo* et, tout au bout, à main gauche, contre la muraille de la ville, le beau couvent des Pères Blancs avec l'église française de *Sainte-Anne*, l'antique et vénéré sanctuaire de l'Immaculée Conception et de la Nativité de la Vierge.

Ah ! ces bons Pères Blancs, au fez rouge, à la ceinture de cuir, au long rosaire noir et blanc pendant sur la poitrine, gardes d'honneur de Mgr Lavigerie, l'apôtre superbe de l'Afrique noire, les voilà immortels avec leur marseillaise algérienne de l'autre jour, mais ils méritent de l'être de toute autre façon. Ce sont, en effet, les meilleurs serviteurs de la France, les éducateurs de la jeunesse indigène et les préparateurs du futur clergé syrien qui ira bientôt — dès la fin de cette année, je crois — répandre sur les côtes de *Syrie* et dans les campagnes palestiniennes des deux rives du *Jourdain*, avec la foi catholique, l'amour, l'influence et la langue de la France. Surtout, ils sont les gardiens de cette chère et ravissante église de *Sainte-Anne*, œuvre peut-être de l'impératrice *Eudocie*, si habilement restaurée par M. Mauss, si simple, si élégante, si noble, si pure, avec ses ogives à peine formées, ses petites fenêtres rondes fermées de treillis de pierres servant d'armature à des vitraux rouges et bleus, ses colonnes carrées aux chapiteaux ornés d'une simple moulure, d'une feuille légère ou d'une spirale capricieuse et à peine indiquée. Au-dessous, un large escalier mène à la crypte tout étincelante de lumière où, dit-on, naquit la Sainte Vierge; et plus loin, plus avant dans les profondeurs du sol, un passage scabreux, constitué par une simple planche et où j'ai bien failli me laisser choir, conduit à une seconde crypte encore à peine déblayée et qui, selon toute apparence, aurait servi de sépulcre à sainte Anne.

C'est là que le lundi, 12 mai, nous entendîmes la messe Consulaire, à laquelle nous assistâmes tous, serrés autour de M. Ledoulx, notre Consul général, dans son beau costume officiel, étincelant de décorations et entouré du personnel de son Consulat, agenouillé sur des prie-Dieu de velours rouge. Là que, après la messe dite par M. l'abbé Martin(1), nous écoutâmes une exquise allocution du P. Bailly (2), nous rappelant que cette église était à *Jérusalem* le sanctuaire *français* par excellence;

(1) Fils de l'ancien doyen de la Faculté des Lettres de Rennes, dont les beaux écrits spiritualistes sont si estimés.

(2) Allocution extrêmement remarquable, que nous regrettons vivement de ne pouvoir reproduire en entier.

que, donnée par la Porte Ottomane à la France après la guerre de Crimée sur les instances du Consul de Barrère, un homme de cœur et un grand chrétien, elle était véritablement le prix du sang, le salaire héroïque, la rançon idéale, l'indemnité religieuse et sublime de la mort de nos soldats tombés autour de Sébastopol... Mais, ce qu'il ne nous dit point, et avec beaucoup de raison, c'est que cette église et le monastère qui en dépendait, étaient, au temps des rois latins, le pénitencier, le *Bon-Pasteur* des reines de Jérusalem et des grandes dames accusées d'avoir trahi leur devoir, durant les trop longues chevauchées de leurs belliqueux époux.

Signalons aussi la double piscine qu'ont mise à jour les fouilles intelligentes des Pères Blancs, et dont l'une, presque complètement déblayée, est très probablement l'ancienne *Piscine probatique,* si célèbre dans l'histoire judaïque et dans l'Evangile par ses guérisons miraculeuses, quand l'Ange du ciel en avait agité les eaux frémissantes.

Presque en face l'église *Sainte-Anne*, sur la droite, un peu avant d'y parvenir, une longue série de hautes voûtes ogivales mène à la plate-forme du *Temple,* aujourd'hui la mosquée d'*Omar*. Un gigantesque piédestal supporte cette esplanade, piédestal rectangulaire, formé tant par les pentes naturelles du mont *Moriah*, que par de hautes terrasses élevées de main d'homme, et dont les quatre faces sont revêtues de blocs énormes en calcaire poli, soigneusement appareillés. Au sommet de ce quadrilatère règne une spacieuse esplanade, entourée de hautes constructions, avec ouvertures ogivales, galeries de bois, escaliers intérieurs, fenêtres carrées et grillées, surmontées çà et là de petits dômes. La tour *Antonia*, dont les larges assises paraissent encore, s'élevait à droite de la porte de la rue de *Josaphat* par où nous sommes entrés.

Devant nous s'étend la plate-forme de l'ancien *Temple*, divisée en trois terrasses par de larges escaliers de trois ou quatre marches, surmontées de sortes de portiques sans profondeur, avec arceaux en ogive soutenus par des colonnes antiques. Nous marchons par une rampe très douce, tantôt sur le roc primitif, taillé en forme de dalles, tantôt sur des plaques de gazon rapé, étoilé de fleurs jaunes. De tous côtés, s'élèvent de petits sanctuaires : pavillons ronds ou polygones à coupole, des chapelles, des arceaux en façade, avec trois ou quatre colonnes corinthiennes, de grêles minarets, des cyprès aux noirs fuseaux, et quelques arbres chevelus. Comme perspective, nous apercevons par-dessus les bâtiments : à droite, *Notre-Dame de France*, le clocher de *Saint-*

Sauveur, le dôme du *Saint-Sépulcre*, et la *Tour de David*. Sur notre gauche, on distingue le *Mont des Oliviers*, surmonté de la haute tour russe à quatre étages « l'espionne de la Palestine », clocher svelte et carré, terminé par une pyramide aiguë en ardoises bleuâtres et cimé d une croix d'or, que l'on voit briller, par-dessus les montagnes de *Judée*, jusqu'aux rives de la *mer Morte*.

La *mosquée d'Omar*, qui a remplacé l'ancien *Temple* judaïque, est une sorte de kiosque de forme arrondie, à pans coupés, large, et de médiocre hauteur, dominé par un vaste dôme central, surmonté d'un croissant. On y entre par un porche extérieur soutenu par huit colonnes antiques aux chapiteaux corinthiens ou composites, au fût maintenu par des cerceaux de fer. L'intérieur de la mosquée est formé par trois cercles ou galeries concentriques, dont la dernière, la plus centrale, fermée par un grillage de fer de couleur verte, entoure et enclôt la célèbre roche de la *Sakhrah*, dont l'apparence est absolument celle d'un rocher artificiel, large, aplati en quelque sorte, à la superficie d'un jaune pâle et un peu vallonnée. Chacune de ces trois galeries est soutenue par une série de colonnes rondes, alternées de quelques piliers carrés, ornées souvent de plaques de marbre, et couronnées de chapiteaux dorés. Les colonnes portent des arcades ogivales en marbre blanc et noir, supportant des plafonds plats à compartiments variés et peints de couleurs vives : rouge, bleu, vert et or. Les fenêtres à plein-cintre sont garnies de vitraux délicieux, aux teintes fondues, chaudes et suaves, semblables à une étoffe orientale.

Au-dessus de la dernière enceinte et servant comme de couronne à la roche de la *Sakhrah*, s'élève le dôme éclairé par de petites fenêtres rondes, entouré d'une corniche ciselée en or et décorée de peintures d'une richesse à la fois merveilleuse et discrète. Ce sont des dessins élégants, des rinceaux, des arabesques aux nuances harmonieuses entremêlées de nacre. La dernière rangée d'ornements, autour de la coupole, se compose d'un fond d'azur sur lequel sont tracés des versets du Coran en très longues lettres d'or. Le dôme s'appuie sur une rangée circulaire de colonnes antiques à chapiteaux dorés, corinthiens, composites ou byzantins, avec des entrelacs de feuillage semblables à des roseaux d'or. L'ensemble est un peu sombre, pensif, mélancolique, mais très riche, très doux, très sobre, très élégant et très artistique.

Un petit escalier raide et obscur de quatorze marches, placé dans l'une des galeries concentriques, mène à la grotte intérieure, presque circulaire, pratiquée dans les entrailles de la *Sakhrah* et percée au sommet d'une ouverture ronde, parfaitement régulière, d'où pend un lustre de fer. On sait que, selon toute apparence, le roc de la *Sakhrah* est l'aire fameuse d'*Ornan le Jébuséen*, et que la crypte entaillée dans ses flancs serait tout simplement la *citerne* où ce modèle des gentilshommes-fermiers abreuvait ses ouvriers et ses bestiaux... (1) Quoi qu'il en soit, cette roche célèbre a certainement fait partie de l'ancien *Temple* des Juifs, elle en est le seul débris absolument authentique ; elle a vu Abraham, David, Salomon, Jésus-Christ, Titus et le khalife Omar qui en a pieusement balayé la poussière avec un pan de sa robe.

Un de ses successeurs, *Abd-el-Mélik-ibn-Merouan*, l'a enclose comme un joyau dans une mosquée superbe, chef-d'œuvre de l'art oriental, que les Croisés transformèrent en église et dont ils confièrent la garde d'abord à un collège de chanoines, puis aux *Templiers*. C'est là que ces moines-gentilshommes, qui avaient l'habitude insolente et superbe de combattre un contre cent, venaient s'agenouiller, revêtus de leurs sombres et rigides

(1) Perrot et Chipiez, *Histoire de l'art dans l'antiquité*, tome IV, pages 198, 199.

armures de fer, avant de partir pour leurs chevauchées héroïques. Après la chute de *Jérusalem*, le 2 octobre 1187, Saladin transforme de nouveau l'église en mosquée, la fait laver tout entière avec de l'eau de rose venue à grands frais de *Damas*, et abat, aux hurlements forcenés de ses bandes victorieuses, la grande croix d'or élevée par les *Templiers* à la cime du dôme. Les légendes musulmanes s'emparent de la *Sakhrah* avec une ardeur jalouse, comme pour en prendre possession sans retour. Ici, disent-elles, voici sur le roc une empreinte arrondie, produite par le turban de Mahomet; ce lit de pierre est le lieu où priait le prophète Élie ; ce petit édicule de marbre, à droite de l'escalier, est l'oratoire de Salomon ; cette espèce de mur blanc qui dessine un cercle autour du rocher, c'est le fameux *Bir-el-Arouahh*, ou *puits des âmes* où on se réunit une fois par semaine pour prier les âmes des morts, et qui mène aux jardins du Paradis clos d'une porte de fer et où croissent des fleurs et des feuilles qui ne se flétrissent jamais (1). Une autre légende, chrétienne celle-là, veut que l'empereur Charlemagne, avec les douze pairs

(1) *Histoire de Jérusalem et d'Hébron*, traduction de Henry Sauvaire, pages 100, 101, etc. (Ernest Leroux. MDCCCLXXVI, in-8.)

de France, ait passé sept jours en prières dans la mosquée d'*Omar*, durant son pèlerinage fabuleux aux Saints Lieux de *Jérusalem* (1).

Quelle différence entre la mosquée d'*Omar* à *Jérusalem* et la mosquée de *Méhémet-Ali* au *Caire*. La seconde est bien plus vaste, bien plus ornée, bien plus luxueuse, mais elle est moderne, froide, indifférente, silencieuse et sans vie; la mosquée d'*Omar*, de dimensions bien moindres et d'un luxe bien plus modeste, évoque les souvenirs illustres de l'épopée judaïque, de l'Évangile, des Croisades et de l'Islamisme, elle parle au cœur, à l'imagination, à l'âme: elle a une âme elle-même.

Mais un autre sanctuaire, encore sur l'esplanade du *Temple*, attire notre respectueuse admiration. Apercevez-vous à l'angle sud-est, tout contre le mur de la terrasse, ce vaste bâtiment à toiture grise triangulaire et à dôme élancé? C'est la célèbre mosquée *El-Aksa*, l'ancienne église de la *Présentation*, construite vers 540 par l'empereur Justinien, transformée en palais par les rois latins de Jérusalem, où, le jour de leur couronnement, ils offraient à leur noblesse un grand festin, servi par les bourgeois de la ville. On ne saurait la comparer

(1) *Discours du voyage d'outre-mer au Saint-Sépulcre de Jérusalem etc.*, par Gabriel Giraudet, page 58. (A Rouen chez Pierre Mullot, 1604.)

qu'à la mosquée d'*Amrou* au *Caire :* elle est moins vaste, mais bien plus somptueuse, plus ancienne et pour le moins aussi intéressante et historique. Elle décrit un vaste rectangle, éclairé par de petites fenêtres rondes, terminé par une étroite abside carrée, divisé en sept nefs par des rangées de colonnes antiques, rondes, carrées, cannelées, à pans coupés, aux chapiteaux byzantins, fouillés avec une vigueur de ciseau, une variété et une richesse d'ornementation incomparables. De hautes arcades ogivales, aiguës et élancées, reposent sur le tailloir des chapiteaux. Les murs sont nus, simplement blanchis à la chaux, supportant une toiture de bois d'où pendent des lustres anciens; ils contrastent par leur éclatante nudité avec les peintures vives (et même un peu criardes) des colonnes et les mosaïques or, vert, lilas, nacre et rouge foncé du chœur, dont une niche renferme, dit-on, la trace du pied de Jésus-Christ. A côté se voient les deux fameuses colonnes, si rapprochées l'une de l'autre qu'il est bien difficile de se glisser entre deux; mais malheur, dit la légende musulmane, à celui qui se trouve pris: il est damné pour toujours. A quelques pas plus loin, encore à droite de l'abside, une ouverture carrée donne accès dans l'ancienne *salle d'armes des Templiers*, vaste pièce ogivale aux murs blanchis, soutenue par d'énormes colonnes carrées trapues et sans ornements.

Que de journées ne faudrait-il pas pour étudier et visiter d'une manière un peu approfondie les innombrables sanctuaires qui décorent la superficie du mont *Moriah*, et le temps nous presse : après déjeuner nous partons à une heure pour *Jéricho* et la *mer Morte*..... Cependant, comment ne pas donner un coup d'œil aux magnifiques souterrains appelés les *écuries de Salomon?* On y descend par un profond escalier et l'on se trouve dans de longues, hautes, vastes et obscures galeries voûtées en berceau et soutenues par de très hauts piliers carrés, aux pierres taillées en bossage et sans ornement. Ces souterrains forment seize nefs, la septième, la plus large, paraît être la nef centrale. En marchant vers la gauche, les nefs sont plus étroites, les arcades et les voûtes diminuent de hauteur et d'étendue, les murs sont formés de blocs énormes; et çà et là une étroite lucarne, tantôt ronde, tantôt carrée, laisse percer un rayon de lumière avare. Des monceaux de terre et de débris encombrent une partie du sol. C'est là que les Templiers nourrissaient leurs chevaux, véritables objets de luxe en Palestine, si nécessaires pourtant à des moines-chevaliers. Au dire du savant Fr. Liévin, ces souterrains s'étendent sous l'emplacement de l'ancien palais de *Salomon;* les piliers carrés dateraient des rois de *Juda*, les voûtes seraient l'œuvre d'Hérode, mais remaniées postérieurement. D'autres, au contraire, estiment que ces galeries datent seulement du temps des Khalifes et de l'occupation musulmane.

Avant de sortir de Jérusalem et d'en explorer brièvement les alentours, il faut dire quelques mots d'un établissement de date relativement moderne, mais qui n'en est pas moins à la fois très sympathique, très historique et très intéressant. C'est le couvent franciscain de *Saint-Sauveur*.

Sorti de la plate-forme du temple par de hautes, longues et profondes voûtes à demi-ruinées, à peine éclairées par de rares soupiraux et donnant sur le quartier juif, on franchit l'ancien ravin du *Tyropéon,* aujourd'hui rue très fréquentée. On monte en droite ligne, à travers les ruelles très affairées du *bazar;* on coupe brusquement sur la droite et l'on rencontre une voûte longue et plate couvrant la rue sur laquelle ouvre, à main droite, la large porte du Couvent de *Saint-Sauveur*. On sait que ce beau monastère, jadis fort exigu, a été vendu, en 1561, aux Franciscains par les Turcs, en échange de l'église et du couvent du *Cénacle* que l'on venait de convertir en mosquée. Ce monastère, successivement agrandi, est devenu le Couvent actuel de *Saint-Sauveur*, magnifique établissement de forme à peu près carrée, surmonté par une vaste terrasse d'où l'on domine les remparts de la ville et tout l'horizon du côté du Nord. Aucune relique architecturale, mais des cours intérieures, des dépendances considérables, un personnel nombreux, des services multiples, qui font de cette maison une sorte de petite ville en miniature. Tout s'y rencontre : école, moulin, boulangerie, fabrique de pâtes alimentaires, imprimerie pour toutes les langues, atelier de menuiserie, de serrurerie, de brochage, de reliure, d'enluminure, tout ce qui est nécessaire au fonctionnement, à la vie de toutes les maisons franciscaines, du *Taurus* au *Nil*, s'y trouve réuni. Chaque jour, la maison de *Saint-Sauveur* donne le pain à plus de six cents personnes. Citons spécialement trois merveilles.

D'abord la *Pharmacie*, avec une collection de coupes et de bocaux en vieille faïence italienne à fleurs et ramages coloriés, comprenant toute la série des diverses fabriques et marques italiennes, depuis le XIVe siècle jusqu'à nos jours. La collection s'ouvre par un vieux vase ébréché, craquelé, écaillé, éraillé, mais d'une telle rareté et d'un tel prix, qu'un Anglais aurait offert, si l'on consentait à le lui céder, de le remplir de pièces d'or. On a refusé, et l'on a bien fait.

En second lieu, la *Bibliothèque,* superbe pièce moderne, parquetée, au pourtour garni de vastes armoires vitrées dans lesquelles brillent, éployés sous le verre translucide, les manuscrits gothiques aux lettres anguleuses et régulières, aux capitales peintes, aux vignettes étincelantes, aux exquises miniatures à fond d'or, œuvre des vieux moines; puis, les livres rares, espagnols, italiens, français, sur l'histoire de la *Terre-Sainte* et l'Ordre de Saint-François, et enfin quelques registres de haute valeur, parmi lesquels je signalerai la liste, écrite à l'encre rouge et noire et par ordre de date, de tous les Chevaliers créés au Saint-Sépulcre par les Franciscains, de 1561 à 1831.

Enfin, la *Sacristie*, annexée à la belle église du couvent, qui renferme dans ses bahuts sculptés, sous triple serrure et sous la garde spéciale d'un dignitaire de la maison, les anciens ornements d'église offerts jadis aux Franciscains par les rois de France, les rois d'Espagne, la République de Venise, les archiducs d'Autriche et les empereurs d'Allemagne. Quelle collection, quels objets d'art, quels joyaux, quelle fortune pour un musée; c'est une véritable accumulation de merveilles! Citons, au hasard : la *chasuble dite de Blanche* de *Castille,* en soie blanche, doublée de rouge, ornée d'un pélican nourrissant ses petits de son sang, brodée à l'aiguille, et entourée de grosses fleurs formées de rubis, grenats, topazes, émeraudes pâles et améthystes; une *chappe de damas rouge*, doublée de soie jaune, don de la République de *Venise*, représentant, au milieu de ramages de fleurs et de fruits, le combat légendaire de saint Georges et du dragon: la broderie est si fine que l'on dirait une peinture; une autre en *damas rouge* à grands ramages d'or, formant des rinceaux autour des armes d'Espagne; enfin, trois *chappes de soie rouge,* épaisses, à doublure couleur orange, toutes semées de fleurs de lys d'or en relief. Sur le chaperon, le Saint-Esprit dans sa gloire, dominant la couronne de France et le sceptre royal entrecroisé avec la main de justice. Sur la chappe même, trois écussons aux armes de France et de Navarre : lys d'or sur fond d'azur et chaînes d'or sur champ de gueules. Comment ne pas mentionner aussi : la *chasuble de Marie-Thérèse;* le vieux *pontifical d'or* à dessin et feuillage pourpre, don de la maison d'Autriche, et ce grand *bassin d'argent,* dans lequel on se lave, je crois, tout prosaïquement les mains, datant du XVIIe siècle, pesant au moins onze kilos, et représentant en repoussé, les armes du Portugal et de Jérusalem! Il faudrait tout citer. Que le P. Jérôme, vice-custode du *Couvent de Saint-Sauveur*, et le Fr. Liévin de Hamme, le zélé, infatigable et savant guide des pèlerins en *Terre-Sainte*, reçoivent ici mes remerciements personnels et l'expression de ma vive reconnaissance pour l'accueil qu'ils m'ont bien voulu faire !

LA VALLÉE DE JOSAPHAT — LE MONT DES OLIVIERS — BÉTHANIE — LES RUINES DE SAINT-ÉTIENNE

Il nous faut cependant quitter *Jérusalem*, et, malgré les admirables sanctuaires qui y retiennent nos cœurs, en parcourir les alentours presque aussi fameux et aussi attachants que la ville elle-même.

Le premier site à voir au dehors de *Jérusalem*, c'est la *vallée de Josaphat*.

Sortis de *Notre-Dame de France*, nous longeons par une belle route les vieux murs de *Jérusalem* bâtis sur de larges assises de rocher. Nous laissons sur notre gauche une jolie ruine entourée de vieux arbres : gros tamaris et oliviers, puis un cimetière musulman; nous contournons à angle aigu sur la droite, et nous nous trouvons au seuil de la *vallée de Josaphat*, profonde, rocailleuse, aride, çà et là plantée d'oliviers, et dont le fond est occupé par le célèbre ravin du *Cédron*. Prévenus sans doute par nos *drogmans*, les mendiants et les lépreux jalonnent la route ; ils se lèvent à notre approche et sollicitent nos aumônes avec des cris discordants. Du reste, partout où nous allons, nous sommes devancés par eux ; on peut deviner la route de notre caravane à la présence des mendiants accroupis dans la poussière : ce sont les bornes milliaires du pèlerinage.

Nous cheminons toujours sur la droite, dominés d'un côté par le superbe mur du *Temple*, régulier, solennel, crénelé, flanqué de tours ou plutôt bastions quadrangulaires, dont le principal (celui du milieu) offre cette magnifique *porte Dorée* (1), œuvre de *Salomon*, remaniée par *Hérode* et par *Justinien*, qui s'ouvrit pour *Héraclius* vainqueur, et par où, dit la prophétie musulmane, les Francs doivent un jour rentrer en maîtres dans *Jérusalem* reconquise. Sur notre gauche, s'élève accidenté et pittoresque, le *Mont des Oliviers*, au penchant couvert de chapelles, de couvents, d'églises et de sépulcres, et dominé par trois

(1) C'est au pied de la *porte Dorée* que furent ensevelis la plupart des Croisés tués à l'assaut de *Jérusalem*. (Jean de Wirzbourg, *Descriptio terræ sanctæ* cap. IX col. 1081 du tome 155 de la *Patrologie Latine* de Migne.)

flèches : la haute *Tour russe* à la cime bleue, surmontée d'une grande croix d'or, le minaret de la *mosquée de l'Ascension*, et le blanc clocher des Carmélites du *Pater Noster*.

Le premier sanctuaire qui s'offre à nous, c'est la *grotte de l'Agonie*, taillée dans le roc vif et où l'on descend par six marches. C'est là que Notre-Seigneur Jésus-Christ a sué sang et eau à la pensée de sa Passion prochaine. Il y a plusieurs autels dans cette grotte ; le principal, celui du fond, est en marbre blanc, jaune et noir, timbré d'armoiries, décoré de cierges, de bouquets de clinquants et surmonté d'un tableau représentant Jésus-Christ recevant le calice des mains d'un ange. Sur les parois de la grotte, de nombreux tableaux, des lampes suspendues à la voûte ; à gauche, une lampe rouge brûle devant la Sainte-Face de M. Dupont ; à droite de l'autel, au-dessus d'une colonne tronquée, on lit cette inscription :

HIC
FACTUS EST SUDOR
EJUS SICUT
GUTTOE SANGUINIS
DECURRENTIS
IN TERRAM

Au sortir de la *grotte de l'Agonie*, nous retournons de quelques pas en arrière, nous descendons un escalier et, à l'extrémité d'une toute petite place dallée, nous saluons le célèbre *Tombeau de la Vierge*, avec sa grande ogive, aux trois quarts murée, ses colonnes antiques, sa corniche à modillons frustes, sa façade légèrement triangulaire et son énorme porte de fer, semée de gros clous à têtes rondes. C'était là l'un des sanctuaires préférés, au temps des Croisades, par les grandes dames et les chevaliers (1) pour leur sépulture : c'est là que reposent encore la reine Mélisende de Jérusalem et la reine Botilde, veuve du roi de Suède, Erick le Bon. Cette église, impossible à décrire, consiste principalement en un immense escalier de 49 marches, voûté, large, sombre et rapide, s'enfonçant dans les profondeurs du roc, donnant accès, à droite et à gauche, à de noires et brèves chapelles à peine éclairées par une lampe funèbre, et aboutissant enfin à une sorte d'abside souterraine à trois chapelles ténébreuses. Au centre de la chapelle de droite, un autel grec, tout étincelant de tableaux, de cierges, de clinquants et surmonté par un baldaquin à jour, s'élève sur l'emplacement du *tombeau* momentané de la Vierge. C'est l'autel dit de l'*Assomption*, sur lequel un pope grec,

(1) Notamment *Werner* ou *Garnier de Gray* et *Arnulf d'Audenarde* (Albert d'Aix, VII, 21 ; IX, 52.)

assisté d'enfants de chœur barbus, célébrait une interminable messe et faisait baiser l'évangile à ses fidèles.

Quelle mosaïque de ruines, chapelles, sites historiques, grottes et mausolées, que cette vallée de *Josaphat* où, dit la légende, nous nous trouverons un jour réunis pour subir notre arrêt ! C'est d'abord le *Jardin de Gethsémani,* avec ses huit énormes oliviers, fils et rejetons de ceux qui ont vu Jésus-Christ, enclos de barrières de bois et s'élevant au milieu de fleurs éclatantes, jalousement entretenues par un vieux frère Franciscain à l'humeur grincheuse, au regard défiant, à la voix criarde, perpétuellement tourmenté par la crainte que l'on ne dérobe quelques parcelles des arbres sacrés, mais au fond excellent homme. Des noyaux de ces oliviers, percés et enfilés à un cordon de soie rouge, les Franciscains font des chapelets de haute valeur morale et constituant l'un des plus précieux souvenirs que l'on puisse remporter de Terre Sainte.

Plus loin sur la droite, voici les curieux sépulcres sculptés dans le roc, datant à peine des *Asmonéens* ou tout au plus des *Hérodes,* mais qui certainement ont vu passer *Jésus-Christ* et peut-être ont frémi à son approche : le *tombeau d'Absalon ;* le tombeau de *Josaphat,* fils de l'historien de David; celui de saint

Jacques le Mineur; la pyramide du tombeau de *Zacharie, fils de Barachie.* Voici le pont du *Cédron* d'où tomba Notre-Seigneur : on y voit encore la trace légendaire d'un de ses pieds; à cette place, le roc est semé de petites croix. Voici la *Fontaine de la Vierge,* qui formait jadis la limite des tribus de *Benjamin* et de *Juda.* Souterraine, on y descend par un long et humide escalier que notre ami Léon Dumuys nous éclaire avec des tiges de *magnésium.* C'est là que la Sainte Vierge, toute jeune encore et élevée dans le *Temple*, lampe d'albâtre toute rayonnante d'une splendeur intime, allait puiser l'eau pour le service de l'autel. En face, sur la pente du Mont des *Oliviers*, s'étagent les maisons de pierres, grises, ternes, tristes, basses et plates du village de *Siloam,* à peine distinctes du rocher et semblables à un jeu de dés oublié par la main distraite d'un géant.

D'un pas alerte et jeune, le Fr. Liévin nous précède. Il nous signale successivement dans sa marche rapide : le lieu du festin d'*Adonias;* le *tombeau d'Isaïe;* la nouvelle colonie fondée par des Arabes venus de l'*Arabie-Heureuse;* le *puits de Néhémie* où le feu sacré fut caché après l'invasion chaldéenne; la *grotte des huit apôtres* et celle de *Saint-Onuphre*; l'emplacement de l'ancien *temple de Moloch*, appelé *Tophet* ou lieu du tambour ; la *léproserie,* long bâtiment rectangulaire, plat et grisâtre, où les lépreux — les plus repoussants des malades — sont soignés avec le plus admirable dévouement par nos vaillantes Sœurs de Saint-Vincent de Paul ; et enfin le *Haceldama* ou *Champ du sang*, acheté des trente deniers de Juda, et qui longtemps a servi de sépulture aux étrangers et aux pèlerins. A ce moment, nous sommes à l'extrémité de la vallée de *Josaphat*, au point où elle a son confluent avec la vallée *de Hinnom*, au pied de l'arête vive et saccadée, formée par la colline d'*Ophel* ou extrémité méridionale du *Moriah*. Des fouilles récentes viennent d'y faire découvrir deux enceintes formées de gros blocs. De là, la vallée du *Cédron*, rafraîchie un instant au pied de l'*Ophel* par des jardins potagers et des plantations d'oliviers, perce à travers les rochers et, fuyant vers l'est, aboutit par un dédale de gorges abruptes et de déchirures montagneuses au couvent grec de *Saint-Sabas* et à la lointaine *mer Morte*.

LE MONT DES OLIVIERS — BETPHAGÉ BÉTHANIE — LA PIERRE DU COLLOQUE

Franchissons maintenant, par un chemin caillouteux, la crète escarpée du *Mont des Oliviers*. Saluons en passant la ronde *mosquée*, au svelte minaret polygone, qui a remplacé la *Basilique de l'Assomption*, gardant encore dans son pourtour intérieur les colonnes aux fins chapiteaux et les frises rompues de l'antique sanctuaire bâti par sainte Hélène. Entrons un instant dans le joli *Couvent des Carmélites*, vaste construction à la toiture rouge, surmontée d'un élégant clocher de pierres blanches, et dont le centre est occupé par un cloître délicieux aux pures ogives, au jardin diapré de fleurs, renfermant la tombe d'albâtre de la princesse de la Tour-d'Auvergne, et offrant sur des carreaux de faïence coloriée, incrustés dans les parois, la reproduction du *Pater* en trente-deux langues différentes (1). A notre gauche, sur un piton plus élevé, une haute tour à trois étages, terminée par une flèche aiguë en ardoises bleuâtres et surmontée d'une longue croix d'or, domine en souveraine tous les alentours et semble vouloir scruter au loin l'horizon. C'est la *Tour des Russes*, monument à la fois religieux et stratégique, emblème de la prochaine main-mise de la Russie sur la *Palestine*, et qui, dit-on, peut correspondre, au moyen de tours analogues et par des signaux

(1) Je tiens à remercier ici les Dames Carmélites de l'excellent et si hospitalier accueil qu'elles ont fait au IXe pèlerinage de Pénitence, le jour de l'*Ascension*, jeudi 15 mai 1890.

de feu, d'une part avec *Jaffa* et le littoral, de l'autre avec *Tibériade* et la rive gauche du *Jourdain*, de l'autre enfin avec *Hébron* et le désert d'*Arabie*.

Nous voici sur le revers opposé de la montagne, descendons le versant et suivons les brusques lacets de la large route qui s'ouvre devant nos pas. Nous rencontrons successivement : la *Chapelle de Bethphagé* renfermant l'énorme pierre, encore décorée de pâles fresques, qui servit, dit-on, de marche-pied à Jésus pour monter le jour des Rameaux sur sa pacifique monture : *Béthanie*, avec sa crypte souterraine, si enfoncée dans le sol, du *tombeau de Lazare*, et les deux pans ruinés de sa tour de garde construite en 1138 par la reine Mélisende, pour la défense de la royale abbaye, apanage de sa sœur Judith, pauvre fille outragée par les Sarrasins.

Poussons encore! La route s'abaisse par un déclin rapide. Nous voici sur un large plateau presque carré, étage inférieur de celui de *Béthanie*, et plongeant à pic dans les vallées désertes qui mènent à la *mer Morte* : quelle vue!... Un lambeau d'azur de la *mer Morte*, encadré de rochers torrides, et, par de là, la longue chaîne d'un jaune pourpre des montagnes de *Moab*. Par-dessus, le ciel étincelant. A droite, le village d'*Abou-dish*, l'ancien *Bahu-*

rim ; à gauche, le dôme bleu d'un couvent grec. Au milieu du plateau, une sorte de table naturelle de roche, légèrement enfoncée dans le sol, veinée de raies de silex gris et blanc. C'est la célèbre *Pierre du Colloque,* où, rejoint par Marthe en pleurs, Jésus lui enseigna le divin secret de l'immortalité et lui affirma la Résurrection. C'est de là, qu'est partie, selon le mot du poète, cette *immense espérance* qui a traversé la terre, et fait tressaillir l'âme de l'humanité.

On revient à *Jérusalem* par un autre chemin contournant les promontoires abrupts et les gorges arides du *Mont des Oliviers.* A un détour de la route, l'enceinte fortifiée de *Jérusalem* se déploie tout à coup à nos yeux ravis, superbe, régulière, monumentale, crénelée, dominée à l'intérieur par le dôme du *Temple,* la coupole et la tour du *Saint-Sépulcre,* la *Tour de David* et le clocher aigu de *Saint-Sauveur.* Quelle vue, quel site, quels monuments, quels souvenirs, et, planant sur le tout, le fantôme du passé donnant, par-dessus la *Vallée de Josaphat,* la main à l'ombre de l'avenir!...

LES RUINES DE SAINT-ÉTIENNE

Mais au lieu de rentrer dans la ville par la chaussée montueuse de la porte *Saint-Etienne*

(*Bab-Sitti-Mariam*), ou de reprendre, pour revenir à *Notre-Dame de France*, la route suivie ce matin, remontons vers le nord, presque jusqu'à sa naissance, la vallée de *Josaphat* et la gorge altérée du *Cédron*. Dirigeons-nous là-bas, à deux cents mètres environ de la porte de *Damas*, vers ce bâtiment rectangulaire à terrasse crénelée, surmonté du drapeau tricolore. C'est le couvent des *Dominicains*. A l'angle du mur de clôture, éclatent, chappées de noir sur blanc, les armes austères de l'Ordre célèbre auquel nous devons saint Dominique, le Rosaire et l'éloquence religieuse. Là, des moines distingués, en longue robe blanche, éloquents, hospitaliers et aimables : le P. Paul Meunier supérieur (un Dauphinois, c'est tout dire), le P. Lagrange, (1) un savant qui revient d'une exploration dans le pays de *Moab*, notre compagnon de route le P. Savignol, etc., nous attendent pour nous faire admirer la merveille qu'ils viennent de découvrir : les ruines de la *Basilique de Saint-Étienne*, le chef-d'œuvre, le joyau, la perle de la *Jérusalem* byzantine et chrétienne.

(1) Il revenait d'une excursion dans le pays de *Moab* qu'il a racontée dans une charmante brochure intitulée : *Au-delà du Jourdain*. (Extrait de la *Science catholique*. Paris, Delhomme et Briquet.)

Voyez-vous cette excavation profonde, aux larges et réguliers contours, pratiquée dans le sol et dessinant en creux l'enceinte évanouie d'un spacieux édifice ? Ce sont les vestiges parfaitement reconnaissables de la vieille basilique, élevée, en 456, au lieu où saint Étienne subit le martyre. Voici la base de l'abside, pentagone, comme à *Amouas* et à *Saint-Etienne de Rome*, et encore revêtue d'une sorte d'enduit ou de ciment rougeâtre; les vestiges de la balustrade environnant le sanctuaire comme à *Gérasch;* l'alignement des trois nefs; l'*atrium* encore pavé de larges dalles; les lambeaux roses et noirs de l'ancienne mosaïque; les longs fûts de colonnes en granit gris, gisant çà et là comme des troncs abattus; les socles encore debout des piliers, et les hypogées dont quelques-uns, grâce à des fragments d'inscription, ont livré leur secret (1). Surtout, voici, au point d'intersection du transept et du

(1) Notamment celle de *Nonnus* et, si je ne me trompe, celle d'*Anastase*, diacre de l'*église du Saint-Sépulcre*, un des confidents de l'impératrice *Eudocie* et qui alla en son nom consulter saint Siméon Stylite. (*Vie de saint Euthyme* §§ 83 et 99 (Migne *Patrol. Grec.* t. 124.) — Cet *Anastase* pourrait bien être aussi le diacre de la *Basilique du Saint-Sépulcre* massacré, vers l'année 452, à la porte de cette Basilique par les sicaires du moine *Théodose*, patriarche intrus et hérétique de *Jérusalem*. (Couret, *La Palestine sous les Empereurs Grecs*, page 121.)

chœur, la crypte, aujourd'hui à ciel ouvert, encadrée entre d'énormes pans de roche découpés au ciseau, qui reçut les dépouilles augustes du premier des martyrs respectueusement enlevées à leur modeste tombe du *Mont Sion*... Glorieuse et touchante histoire que celle de cette basilique (1). Elevée, au milieu du cinquième

(1) Sur la *basilique de Saint-Etienne de Jérusalem*, voir notamment : Evagrius Scholasticus, *historia Ecclesiastica*, I, 22. (Migne, *Patrol. Grec.* tome 86). — Basile de Séleucie, Sermo XLI, col. 470 du tome 85 de la *Patrologie grecque*. — Cyrille de Scythopolis, *Vie de saint Sabas*, § 56 (Dans Cotellerius, *Monumenta Ecclesiæ Græcæ*, tome III). — Theodosius, *De terra sancta*, § 10, page 68 des *Itinera et descriptiones terræ sanctæ* etc. (édit. Tobler, Genevæ, Fick, 1877, in-8). — *Antoninus martyr*. § 25. — *Eutychii annales*, col. 1 065. (*Patr. Grec*, tome 111.) — *Theophanis chronographia*, A. C. 505, col. 371. (*Patr. Grec.* tome 108). — Nicephore Calliste, *historia Ecclesiastica*, XIV, 50; XVI, 34. (Migne, *Patr. Grec.* t. 145). — Joannes Malala, *Chronographia*, lib. XIV, col. 533 du tome 97 de la *Patr. grecque*. — Tudebode, *Hist. de Hierosol. itin.* lib. V, cap. 6, *in fine*. — Robert le moine, *Hist. hiérosol.* IX, 1. (Migne, *Patr. Lat.* tome 155. col. 814, 815 et 746). — *L'itinéraire de Virgilius en Palestine, traduit et commenté par le R. P. Edmond, des Augustins de l'Assomption*, page 24, n° XXXIX. (Paris, 8, rue François Ier, 1891.) — Courel, *La Palestine sous les Empereurs Grecs*, pages 130 à 132. — *Les comtes de Champagne aux Croisades*, pages 8 et 9. (Grenoble, Allier, 1870, brochure in-8 de 15 pages). — *Cosmos*, du 21 février 1891, pages 316, 317 : article du R. P. Germer-Durand.

siècle, avec toute la splendeur de la décadence byzantine, par la main charmante, la main tachée de sang de la belle et savante *Athénaïs*, la dernière païenne, la Muse couronnée, devenue impératrice sous le nom d'Eudocie, elle passait pour le plus vaste et le plus luxueux sanctuaire de *Jérusalem*. Là, au fond de cette crypte aujourd'hui découronnée et mutilée par les invasions, reposaient dans leur châsse d'émail les reliques de *saint Étienne;* là, dans une chapelle latérale, à l'ombre des plafonds dorés, Eudocie dormait dans sa tombe de marbre, et sa radieuse effigie, moins belle encore que son modèle, attirait la mélancolique admiration des voyageurs et des pèlerins. Là, quelques années après, sa petite-fille, la seconde Eudocie, reine des Vandales, fuyant épouvantée les fureurs sanguinaires de son mari l'arien Hunerich, vint s'agenouiller, prier un jour et mourir. Là, pauvre oiseau trop rudement battu des orages de la vie, elle reçut des mains pieuses des moines Basiliens, gardiens de l'église, un tombeau auprès du mausolée de son aïeule (1). Là, quelque cinquante ans plus tard, le fameux *saint Sabas*, le grand Saint de l'Église orientale, organisa la révolte

(1) Couret. *La Palestine sous les Empereurs Grecs*, pages 131, 132.

des moines de Palestine contre les décrets hérétiques de l'empereur Anastase, que le coup de tonnerre du 1er juillet 518 se chargea bientôt de châtier. Là, plus tard, après le sac de l'église par les Perses, les Croisés élevèrent un modeste oratoire encore visible, longeant la route et précédant les restes à demi souterrains de l'ancienne basilique !

Inutile de pousser plus loin cette description. Allez, pèlerins de 1891 et de l'avenir, allez admirer ces vénérables débris, faites-vous montrer en détail les caveaux funéraires, les hypogées, les débris d'épitaphes, notamment celle d'un diacre de la basilique du Saint-Sépulcre, et donnez un souvenir, j'allais dire une larme, aux infortunées princesses dont les cendres violées par les Perses et les Arabes ont à jamais disparu (1). Mais, dans cette visite, tâchez, croyez-moi, d'avoir pour guide plutôt le bon Fr. Liévin que M. l'abbé Heydet. Puis,

(1) Une secte protestante a cru reconnaître dans les ruines de la *basilique de Saint-Étienne*, les restes de celle du *Saint-Sépulcre*, et dans l'*hypogée de Saint-Étienne*. le *Sépulcre* même de *Notre-Seigneur Jésus-Christ*. Cette secte a acheté un terrain aux alentours, construit une sorte de monastère, et chaque vendredi, surtout le *Vendredi-Saint*, elle vient se lamenter sur les ruines de *Saint-Étienne*, qu'elle prend bien à tort pour l'emplacement de la crucifixion et de la sépulture du *Christ*.

si vos forces vous le permettent, remontez encore du côté du *Scopus* quelque cent mètres plus loin, et admirez les *tombeaux des Rois* avec leur frise si richement sculptée, et *ceux des Juges,* avec la *grotte de Jérémie,* débris étonnants d'un âge incertain, mais assurément contemporains de l'indépendance juive, des *Macchabées* ou des *Hérodes*, et à l'ombre desquels, très probablement, Jésus s'est reposé.

A'IN KARIM ET LE COUVENT DE SAINTE-CROIX

Que dire de *A'ïn Karim*, la patrie de saint Jean-Baptiste, dans les montagnes sauvages de l'âpre *Judée*, à deux grandes heures de *Jérusalem?* *A'ïn Karim*, pressé sur les flancs d'une haute colline, avec sa jolie église franciscaine toute revêtue de carreaux blancs et bleus, sa crypte où naquit le Précurseur ; le beau monastère rouge pâle des Dames de Sion gardant, dans une chapelle circulaire et isolée, la tombe du Père de Ratisbonne; et, en face, de l'autre côté du profond ravin, l'église de la Visitation tout entourée d'arceaux rompus, avec sa source limpide et les ruines de l'ancien sanctuaire du couvent du *Magnificat ;* et enfin le haut clocher russe, vigilant intermédiaire entre la rade de *Jaffa* et la *tour du mont des Oliviers !*... Ce sont là choses qu'il faut voir, et que l'on ne saurait décrire, choses en quelque sorte de sentiment, et qui s'éclairent ou s'assombrissent, paraissent certaines ou douteuses suivant l'état d'âme du visiteur. Pour moi, tout cela m'a semblé charmant.

Mais je ne saurais trop vivement engager les pèlerins futurs à pousser, malgré la lassitude et la chaleur du jour, à travers les rochers solitaires et les plantes odorantes, jusques à la *grotte* même de *saint Jean-Baptiste,* au penchant rapide de l' *Oued-es-Sathaf*, en face les villages de *Sathaf* et de *Castoul*. Quelques marches rompues y conduisent; une terrasse la précède. Des lauriers roses, vignes, oliviers, caroubiers, un courant d'eau joyeuse, issu des roches supérieures, alimentant un beau réservoir et dans lequel se joue le soleil, une caverne gracieuse et claire, agrandie de main d'homme et transformée en manière de chapelle, font de cet ermitage un séjour presque enviable. La tradition, qui la désigne comme la retraite de saint Jean-Baptiste, me paraît à première vue extrêmement plausible, et affermie encore par la présence, à quelque cent mètres au-dessus, d'une masure appelée *tombeau de Sainte-Élisabeth*.

Nous y allâmes le 17 mai, et, au retour, malgré la fatigue de nos six lieues et demie parcourues à pied, nous prîmes quelques instants pour visiter le beau *couvent grec de Sainte-Croix*, aux anciennes et précieuses mosaïques, œuvre, selon toute apparence, d'un vieux roi de Géorgie (1). *Jérusalem* était, en effet, durant toute la période bysantine, le centre d'attraction religieuse de toutes les nations qui gravitaient dans l'orbite lumineux de Constantinople, ce *Paris* du Bas-Empire et des siècles de fer du moyen âge, du Dnieper et du Caucase aux rives du haut Nil et aux frontières de la Chine (2).

BETHLÉEM

Voilà la merveille architecturale et le joyau de la Palestine chrétienne, l'auguste basilique à l'illustre passé, legs inestimable de la domination byzantine en Terre Sainte, fondée par

(1) Procope (*De ædificiis*, V, IX) fait honneur de cette construction à Justinien; d'autres l'attribuent à sainte Hélène ou à Héraclius, mais il nous paraît plus vraisemblable de la considérer comme l'œuvre du roi Tatian de Géorgie. Argument de la mosaïque arménienne découverte au mont des Oliviers. (Fr. Liévin, *Guide indicateur de la Terre Sainte*, tome I, page 341).

(2) *Revue de l'histoire des religions*, tome XXII, n° 3. Novembre, décembre 1890, pages 288 à 301 : *De l'introduction du christianisme en haute Asie*. (Paris, Ernest Leroux, 1890, in-8.)

sainte Hélène, restaurée par Justinien et Manuel Comnène Porphyrogénète, sauvée par une légende et un prodige (1) des insultes des Arabes, et préservée de la ruine sans retour, par la rapide survenance du brave Tancrède à la tête de ses cavaliers, le 7 juin 1099. C'est là que, le jour de Noël de l'année 1101, le roi Baudouin Ier se fit couronner des mains du patriarche Daimbert de Pise.

Un coup d'œil en passant au *couvent grec de Saint-Élie* (Deir Mar Elias), lourd rectangle de pierres jaunes percé de petites fenêtres rondes à contrevents bleus ; puis au *tombeau de Rachel*, édicule carré avec arcades à jour et coupole centrale.

Voici qu'au tournant de la route, au-dessus d'un mur d'enceinte, haut comme un rempart, couronnant une altière colline, éclate joyeusement, comme une fanfare, le drapeau français. C'est l'établissement, malheureusement encore inachevé, des Frères de la doctrine chrétienne. Nous arrivons à *Bethléem*.

Là-bas, de l'autre côté du profond ravin, la petite ville s'étage sur le sommet aplani d'une

(1) Voir sur la légende : *Études sur l'histoire de l'église de Bethléem* par le comte Riant, membre de l'Institut, page 30, note 4 (Gênes, M.D.CCC.LXXX.IX.gr. in-8.) : et sur le prodige : Voguë, *Églises de la Terre Sainte*, page 108.

colline qui s'abaisse par plans successifs et comme par saccades vers l'âpre vallée bornée, au sud, par une chaîne de hauteurs dominées par le cône aigu du *mont des Francs*. Sur la première de ces éminences inférieures s'élève la *Basilique*, énorme bâtiment d'un gris jaunâtre, lourd, massif, morose, sans ornement extérieur et sans grâce, soutenu par de puissants contreforts. Une ouverture étroite, basse et carrée, pratiquée dans la baie ogivale de l'ancienne porte surmontée elle-même d'un fronton antique avec console sculptée, donne accès dans un large vestibule voûté, malpropre et occupé en partie par un corps de garde turc. Une haute porte carrée sans ornement, mais dont les vanteaux de bois offrent de délicates ciselures — œuvre d'artistes arméniens (1) — entourant des croix pattées, donne accès dans la basilique...

Une vaste et large nef, solitaire et délabrée, splendidement éclairée par vingt fenêtres rondes, courtes et sans ornement, et soutenue par deux rangées parallèles de onze belles colonnes de marbre jaune-rouge avec chapiteaux corinthiens en marbre blanc. Deux nefs latérales, plus étroites, plus basses, et sans

(1) *Études sur l'histoire de l'Église de Bethléem par le comte Riant*, membre de l'Institut, page 31, note 2. (Gênes, M.D.CCC.LXXX.IX, gr. in-8.)

ouverture. Sur le tout, une immense charpente triangulaire, avec poutres transversales et grossiers pendentifs. Sur les murs de la grande nef, des vestiges de riche mosaïque, aujourd'hui presque disparue; le long du fût des colonnes, des fresques pâlies mais encore reconnaissables, représentant des saints de l'Église grecque et latine, nimbés, tenant à la main un livre ou un emblème. Au fond de la nef latérale de droite (en faisant face à l'abside), une ancienne cuve baptismale en marbre rougeâtre, dont l'ouverture intérieure dessine une sorte de rosace crucifère, close par un couvercle de fer, avec médaillon représentant le Christ en croix. Voilà le premier aspect et comme le coup d'œil d'ensemble offert d'abord aux yeux charmés du pèlerin par l'intérieur de la basilique de *Bethléem*.

Mais la main schismatique, la main perfide et ennemie des Grecs a brisé par d'ineptes et grossiers appendices le plan intérieur et l'harmonie primitive du noble édifice. Le débouché de la nef dans le transept est barré par un mur nu d'un blanc criard, s'élevant à mi-hauteur. Deux petites portes basses et étroites, s'ouvrant dans les nefs latérales, donnent accès dans ce transept en forme de croix, peu orné, blanchi à la chaux, soutenu à chacun de ses angles par un lourd pilier carré à chapiteau corinthien, et offrant seulement une étroite chaire à prêcher, vert et or, un siège patriarcal en bois peint et doré, deux consoles de bois fauve plaqué d'ivoire et d'écaille avec inscriptions en nacre, et enfin d'énormes chandeliers de cuivre et d'étain. A droite et à gauche, le transept se termine par deux absides semi-circulaires éclairées par trois fenêtres rondes. Dans l'abside de droite, la fenêtre du milieu a été transformée en porte, au moyen d'une double rampe d'escalier avec balustrade de fer.

Entre le transept et le chœur ou abside centrale, règne une haute barrière, sorte de jubé fort riche en bois sculpté, le fond peint en rouge, les sculptures en relief reluisantes d'or, décoré de tableaux à fond de métal, et dominé par une immense croix de bois doré, entourée de fleurons découpés à jour, sur laquelle est non pas sculptée, mais peinte, la figure du Christ. De chaque côté du crucifix, deux petits tableaux représentant la Sainte Vierge et saint Jean.

Deux portes en claire-voie, percées dans ce jubé, donnent accès dans l'abside centrale, blanchie à la chaux, éclairée aussi de trois fenêtres garnies de vitres blanches. Cette abside, pauvre, nue, sans mystère et sans ornement, renferme seulement une rangée de tableaux à fond d'or, et un vaste baldaquin rouge et or, surmonté d'une petite chapelle et couvrant un autel élevé sur quelques marches, et devant lequel brille une lampe. C'est l'autel où les Grecs schismatiques disent leur messe. Quels horribles gens que ces Grecs schismatiques, faux, perfides, avides, inventeurs de légendes absurdement pieuses, pour soutirer leur dernière obole aux pauvres pèlerins Russes ou Grecs, toujours aux aguets pour violer avec la plus insigne malice nos sanctuaires latins; ils sont vraiment l'ennemi, aussi repoussant que haïssable!

Voilà la basilique de *Bethléem,* telle que l'ont faite aujourd'hui les injures du temps, les insultes des Arabes et le vandalisme des Grecs.

Au-dessous s'ouvre la *crypte,* divisée en plusieurs grottes ou caveaux transformés en chapelle et faisant en quelque sorte cortège à la *crypte de la Nativité.* Celle-ci, tout illuminée de cierges, de lampes et de fleurs, offre dans son pavé de marbre, devant l'autel, la célèbre étoile d'argent à cinq rayons marquant la place de la divine Incarnation.

A côté, l'*église des Franciscains,* grande, belle, blanche, toute moderne, avec des arceaux en plein-cintre, des colonnes carrées et un joli autel en marbre de couleur. Au delà, sur la gauche, le couvent, spacieux, ombreux, hospitalier : de longs corridors voûtés en ogive, des fenêtres carrées, des portraits de l'empereur et de l'impératrice d'Autriche, mais aucun intérêt architectural. A remarquer toutefois, les restes du vieux cloître, avec ses murs épais, ses dalles brisées et ses colonnes rondes ou polygonales, surmontées de chapiteaux d'ordre corinthien ou composite. Tout cet ensemble de constructions doit dater originairement des anciens chanoines et évêques de *Bethléem*, puis, et à travers maints remaniements, du temps des ducs de Bourgogne, Philippe le Bon et Charles le Téméraire, et de leur gendre, Maximilien d'Autriche, époux de Marie de Bourgogne (1). Mais j'ai vainement cherché la chapelle de *Sainte-Catherine,* dotée des mêmes indulgences que le *mont Sinaï*, et si fort en honneur auprès des pèlerins des XVe et XVIe siècles qui, après l'avoir visitée, ajoutaient à leurs insignes : d'un côté les croix de Jérusalem, de l'autre, une demi-roue hérissée de pointes et traversée d'un glaive, dite *roue de sainte Catherine*. Ceux qui avaient fait le pèlerinage du *Sinaï* prenaient la roue tout entière.

(1) Bernard de Breydenbach *Sanctarum peregrinationum in montem Syon ad venerandum Christi sepulchrum in Jerusalem, etc.* (Moguntina anno salutis M.CCCC.LXXXXI die XJ Februarii,) (in-folio pas de pagination.)

Qu'on me permette encore, avant de quitter la basilique de *Bethléem*, un souvenir personnel et qui peint bien l'état des esprits en *Palestine* et l'abîme qui sépare les communions rivales.

A demi étendu sur un vieux canapé, sous la voûte ombreuse du spacieux divan, je reposais en silence, abattu par le mal de tête que m'avait causé ma tardive et accablante chevauchée de *Jérusalem* à *Bethléem* par l'ardent soleil de dix heures du matin. Auprès de moi, passe un Franciscain, drapé dans sa robe de bure, un homme superbe, entre deux âges, à l'œil fier, aux traits réguliers, quelques fils d'argent dans sa longue barbe brune. Il me regarde et, pris de sympathie, m'adresse quelques mots en italien. Je lui réponds de mon mieux. A ce moment, par la porte grande ouverte du divan donnant sur une cour ensoleillée, se dessine la noire et hostile silhouette d'un pope grec. Le Franciscain étend violemment le bras, le désignant du geste, et, d'un accent de haine et de mépris indicible, il s'écrie: *Grec!!*... Emporté par un élan irrésistible, je lui réponds: « Les Grecs sont des brigands! » Un sourire satisfait illumine la noble figure du religieux; il me fait signe de le suivre. Par un dédale d'escaliers et de corridors, il me conduit dans sa cellule, étroite pièce à la vue splendide, plongeant sur la vallée onduleuse, où se cache, derrière un rideau d'oliviers, la *Grotte des Pasteurs*. Des profondeurs d'un placard en bois blanc où pendaient une robe de bure et un surplis, il tire une massue en bois d'olivier jaune et luisant, et me la présente en me disant d'une voix profonde : *Grec!! — Bono,* lui dis-je, *bono!* Replongeant dans le placard, il en ramène une forte canne de jonc à poignée de corne en bec de corbin, presse un ressort et dégaîne une magnifique épée à la lame triangulaire et damasquinée d'or. La brandissant d'un bras robuste, il s'écrie de nouveau : *Grec!!* — *Bravo,* lui dis-je enthousiasmé, c'est avec cela qu'il faut parler à ces gens-là! Plongeant une troisième fois dans le bahut, il saisit un superbe fusil de chasse, au double canon d'acier bleui, un peu ancien système, mais qui décrocherait cependant fort bien son homme : *Grec!!* s'écria-t-il encore d'une voix triomphante, un éclair dans les yeux. — Très bien, très bien, lui dis-je, s'ils veulent de nouveau venir voler nos sanctuaires, c'est avec cela qu'on leur parlera. — Oui, murmure-t-il, rassemblant à grand peine ses dernières notions de français, avec cela, dire beaucoup!... Nous échangeons nos cartes et nous nous séparons enchantés l'un de l'autre. J'ai sa carte sous les yeux, mais je demande la permission de taire son nom, à cause de l'accent un peu vif de ses sentiments de charité chrétienne et monastique.

JÉRICHO — LE JOURDAIN — LE MONT DE LA QUARANTAINE — LA MER MORTE — LE COUVENT DE SAINT-SABAS

Voici le couronnement et comme la fleur de notre pèlerinage, la plus belle de nos excursions, tant par son but, son éloignement, le prestige des lieux que l'on va visiter, que parce que, seule, elle offre enfin quelque péril. Tout le monde nous en détourne : nationaux et indigènes, depuis notre hospitalier et excellent consul, M. Ledoulx, jusqu'à nos amis de *Jérusalem* et bon nombre de nos co-pèlerins. « Vous ne reviendrez pas tous ! » gémissent les augures d'une voix sépulcrale. « Vous y laisserez votre peau, » me dit mon ami, M. Ludovic des Francs. « Raison de plus pour y aller ! » Le danger, si danger il y a, et je n'en crois rien, sera le grain de sel relevant la saveur du voyage.

Puis, nos devanciers, les pèlerins héroïques des XVe, XVIe et XVIIe siècles, qui bravaient tant de périls pour aller en Terre Sainte, et que parfois, en récompense, les rois de France anoblissaient à leur retour (1), ne considéraient point que leur itinéraire eût sa perfection s'ils ne l'avaient poursuivi jusqu'au *Jourdain ;* alors seulement ils avaient le droit de revenir portant fièrement dans leur main généreuse la *palme* bénite, symbole et trophée de leur voyage outre-mer. Il fallut un indult spécial du Pape Célestin III, pour autoriser, en 1191, Philippe-Auguste et ses chevaliers (2) qui n'avaient point visité le *Jourdain*, à porter, à leur retour, la *palme* triomphante que l'on cueillait, disait-on, à *Jéricho,* dans le *Jardin d'Abraham.* Il y a beaux jours que le *Jardin d'Abraham*, si célèbre dans le *Livre d'or* des Croisades (3), est allé rejoindre les *Roses de Jéricho* (4) dans le cimetière abandonné des choses

(1) Comme *Arnaud Bernard*, habitant de Tournai, anobli en 1476. (*Bibl. nat.*, Ms. latin 18.345, *Nobilitationes*, folio 7, verso.) Je dois ce renseignement à la science si obligeante de M. le vicomte O. de Poli, ancien préfet, président du Conseil héraldique de France.

(2) *Expéditions et pèlerinages des Scandinaves en Terre Sainte au temps des Croisades*, par le comte Paul Riant, page 89, note 1. (Paris, M D CCC LXV in 8.)

(3) *Historiens occidentaux des Croisades publiés par les soins de l'Académie des inscriptions et Belles-Lettres*, tome V^e^, Ire partie, pages 38 et 194. — Comte Riant. *Expéditions et pèlerinages des Scandinaves en Terre Sainte*, page 89. — Foucher, de Chartres, I, 22.

(4) Les *Roses de Jéricho*, citées, au XIIe siècle, dans le pèlerinage de *Théoderic* (*Theoderici libellus de locis*

mortes, des merveilles disparues et des légendes évanouies. Mais, qu'importe! si l'on n'est allé à la *mer Morte* et au *Jourdain*, on ne se peut dire vraiment *pèlerin* et *palmier* de *Jérusalem*. J'y vais.

Nous partons de la chère cour de *Notre-Dame de France*, le lundi, 19 mai, à une heure et demie de l'après-midi, en groupe compact de quarante cavaliers, sous la conduite du R. P. Alfred, le plus aimable, le plus sage et le plus attentif des directeurs. Quelques femmes intrépides, même quelques jeunes filles, se sont jointes à notre caravane. Ceux qui demeurent nous disent tristement adieu, non sans quelque inquiétude et regret. Le R. P. Bailly nous salue affectueusement de la main.

Large et belle, la route s'ouvre devant nous. D'ailleurs, nous la connaissons: c'est celle que nous avons suivie le jour de l'Ascension pour revenir de la *Pierre du colloque* et de *Béthanie*. Nous franchissons la gorge du *Cédron*, nous laissons à notre gauche la tour démantelée et le village de *Béthanie;* puis, par une suite de

sanctis, cap. xxx, page 74, édition, Tobler, 1865), existaient encore, m'a dit le savant Fr. Liévin, il y a environ quarante ans. C'étaient des églantiers sauvages portant une petite rose de forme presque conique et peu épanouie, probablement de la nature de la *rose hérisson* de nos jardins.

contours aigus et de pentes rapides, nous descendons vers la plaine lointaine de *Jéricho*. Autour de nous, se succèdent les montagnes nues, les croupes arrondies, désertes, tachées çà et là de broussailles épineuses, et les gorges solitaires et profondes ! Du haut du *mont des Oliviers*, la *tour des Russes* nous suit opiniâtrément du regard. Elle est bien nommée : l'espionne de la Palestine !

Quel est ce petit monument, là-bas, au-dessous de nous, au fond d'une sorte d'entonnoir, le long du vieux sentier ? C'est la *Fontaine des Apôtres*, encadrée dans un carré de maçonnerie surmonté d'une petite coupole, où, dit la tradition, Jésus et ses disciples aimaient à faire une courte halte dans leurs fréquents voyages de *Jéricho* à *Béthanie* et *Jérusalem*.

Caillouteuse et rougeâtre, la route tournoie parmi les monts pierreux et les ravins abrupts, descendant par un déclin rapide. Quelques montées cependant interrompent parfois cette perpétuelle descente. Celle notamment qui, vers quatre heures du soir, nous amène à *Khan-el-Ahhmar*, le Khan ou auberge du *bon Samaritain*. C'est une vaste cour carrée, à demi remplie de décombres, close d'un gros mur de pierres sèches soigneusement échafaudées. Du côté de la porte d'entrée, de larges voûtes, des écuries, des bâtiments plats à fenêtres rondes et grillées; et par de là, sur la gauche, à l'opposé de la route, une tour en ruines fièrement campée sur un piton aigu! C'est ici l'ancienne montée d'*Adommim* ou *du sang*, théâtre véritable de la parabole du bon Samaritain. Cette ruine debout à la garde de Dieu sur ce pic isolé, ce sont les restes du poste militaire construit par les Romains pour la défense du passage et la sécurité des voyageurs.

Assis sous les voûtes, abrités à la fois du soleil et du grand vent, nous campons un instant, fixant au sol, par de lourdes pierres, la bride de nos chevaux trop enclins à la fuite. Chacun boit dans sa timbale de fer ou sa coquille de nacre, un peu d'eau tiédie apportée par les *Drogmans* dans de petits tonneaux. Toujours l'odieuse bière allemande, chaude et fade. Pour moi, je puise dans ma gourde de fer-blanc une tasse d'un délicieux café au rhum que m'a préparé ma providence, l'excellente Sœur *Camomille*. De ma table d'étude où j'écris en ce moment, je pense à elle et lui envoie mes meilleurs souvenirs: un pèlerin Orléanais de 1891 les lui portera dans quelques jours.

Nous repartons à quatre heures et demie. La route inachevée par place, monotone, spacieuse et déserte, poursuit sa marche à travers les collines arides et les gorges silencieuses. Chose étrange! Dans cette ancienne *Terre promise*, si ravagée par les siècles et la main funeste de l'homme, et qui, au premier abord, paraît si irrémédiablement stérile : si l'on enlève la surface de rocher qui partout revêt le sol, on découvre une terre rougeâtre, féconde, vivace qui, presque sans travail et sans eau, fait pousser des arbres fructueux. Quel dommage, qu'au lieu du paresseux *fellah*, terrorisé par le collecteur turc, cette terre ne soit pas livrée au bras vigoureux et sans peur de l'agriculteur français !

Le soleil s'abaisse peu à peu sur notre gauche à l'horizon empourpré. Déjà, entre les croupes arrondies, nous avons aperçu deux fois la nappe d'azur de la *Mer Morte*. Enfin nous débouchons dans la plaine, laissant à notre droite la tour en ruine du *Tel-el-Alaïh* (1). La route a disparu. Nous suivons le lit pierreux d'un large ravin, le *Nahr el-Kelt*, sans eau, bien entendu, et dont nous avons déjà, à plusieurs reprises, entrevu les gouffres sur notre gauche. Nous passons sous l'arche d'un pont tout neuf, mais aux fondations déjà déchaussées par les eaux hivernales. Nous suivons une sorte d'allée ou avenue semée de flaques bourbeuses et encadrée entre deux haies d'arbustes épineux. Nous sommes à *Jéricho*.

(1) Je donne ce nom sous toutes réserves, n'étant point certain de l'identification.

La voilà donc cette ville célèbre à la fois dans l'Évangile et la légende, dont le nom sonore résonne à l'oreille et à l'âme comme un écho du mystérieux et superbe Orient! Quelle ville!... Quelques cabanes grises de boue et de roseaux, où grouille une population misérable. Une tour carrée, ancien poste de soldats turcs, découronnée et branlante; deux hôtels européens, et une vaste construction superbement bâtie, au faîte de laquelle flotte le drapeau tricolore. Oui tricolore, mais hélas! aux bandes *horizontales* et non perpendiculaires, ce qui constitue, non le drapeau français, mais le drapeau russe. C'est en effet l'hospice russe de *Jéricho*.

Un peu plus loin, une blanche et coquette chapelle grecque schismatique; et, à l'écart, sur la droite, une magnifique ferme modèle, close d'une haute haie-vive, ruisselante d'eau, de lauriers-roses, de figuiers, de vignes, de grenadiers en fleurs, et surmontée, çà et là, du panache ondoyant de quelques palmiers: un petit coin du paradis terrestre. Quel beau domaine! Et dire qu'il appartient à un Grec et que l'industrie et le travail français, inconnus en *Palestine*, abandonnent sans combat à l'activité étrangère les merveilleuses ressources de ce pays admirable, digne toujours, quoi qu'on en dise, de son vieux nom de *Terre Promise*, où une goutte d'eau et un sillon à peine ébauché font jaillir des trésors!...

Notre caravane se scinde en deux parties: les uns descendent à l'*hôtel des voyageurs*, les autres, et je suis du nombre, suivent le R. P. Alfred à l'*hôtel Jordan*. On y est fort bien, je le recommande aux pèlerins futurs. On y trouve même de petites gourdes de fer-blanc pour l'eau du Jourdain et du papier à lettres avec en tête: *Jordan hôtel, Jéricho-Palestine.*

Mardi 20 Mai.

LE JOURDAIN ET LA MER MORTE

A cheval avant le jour! On part pour le *Jourdain* et la *Mer Morte*. Quels noms! N'allons-nous pas, dans ce pays immobile et pétrifié, où rien ne change, où les souvenirs de l'Évangile et de la Bible demeurent encore si présents, rencontrer au détour du chemin Jésus-Christ et les Apôtres, encore humides de l'eau du baptême et illuminés des effluves rayonnantes du ciel entr'ouvert?...

Il est quatre heures du matin. Nous chevauchons par la plaine, jaunâtre et féconde, coupée çà et là de beaux champs de blé, mais qui, peu à peu, et à mesure que l'on s'éloigne du village, devient inculte et se revêt par places d'une croûte blanchâtre et fendillée, irrécusable témoin de l'antique séjour des eaux.

Voici de nouveau le ravin du *Nahr el-Kelt*, sinueux, peu profond, déchirant la plaine en zig-zag de son lit pierreux, suivi dans ses méandres par une ligne d'arbustes : tamaris et mimosées épineuses couvertes de fleurs. Le soleil se lève en face de nous, au-dessus du sombre rempart des monts de *Moab;* il vient frapper de sa première flèche d'or le massif stérile des montagnes de *Juda,* semblables à des vagues géantes subitement pétrifiées, et le Mont de la *Quarantaine* à la cime régulière, ressemblant à une pyramide tronquée, et que l'on dirait sculpté de main d'homme.

Une série de dunes marneuses, déchirées, tourmentées, marque la bordure de l'ancien lit du *Jourdain*. Elles affectent des airs réguliers et scientifiques d'anciennes fortifications, avec talus, bastions, angles saillants et rentrants, fronts et demi-lunes. Les fossés sont indiqués par des ravins à sec.

Ah! la présence du fleuve commence à se faire sentir. La terre s'incline par une pente très douce, et semble mollir comme humectée. Les arbres se multiplient, se pressent. On dirait un parc anglais naturel, de saules, de mimosées en fleurs et de tamaris garnis de liserons enroulés. De petits sentiers se perdent à travers le bosquet. Le sol se couvre d'une herbe épineuse et dense. Nous mettons pied à terre...

Voici le *Jourdain!* Le fleuve, d'un jaune sombre, glauque, large d'environ quarante mètres, roule violemment ses eaux limoneuses, troubles, bouillonnantes et profondes, maintenues, à droite, par une campagne uniforme, plate, mais élevée cependant de trois à quatre mètres, et, à gauche, par une suite de falaises marneuses, d'un gris-pâle, à la cime découpée, fendues et semblant toujours prêtes à s'effondrer. De longs roseaux, des tamaris au tronc fantastique, des saules hauts et touffus forment sur chaque rive une ligne ombreuse et riante. Les eaux murmurent doucement, les oiseaux chantent dans le feuillage; l'air est frais, bon et doux. Rien de sinistre! Un peu en amont, sur la même rive (rive droite), on aperçoit au-dessus de la verdure qui revêt la campagne, les murs pâles et la large coupole d'un vaste bâtiment d'apparence à la fois claustrale et militaire. C'est le vieux *monastère de Saint-Jean*, ruiné depuis tant de siècles, mais rétabli depuis environ quinze ans par l'or politique de la Russie (1).

(1) Les anciens monastères byzantins de *Palestine*, ruinés depuis si longtemps, se relèvent l'un après l'autre

Nous sommes ici à une sorte de gué. C'est, dit-on, l'endroit même où Jean baptisait; c'est là, d'après la tradition, que Jésus a reçu le baptême des mains émues du Précurseur ébloui. Devant nous, le *Jourdain,* arrêté par un promontoire de la falaise, forme un brusque détour, et vient par un angle aigu mordre sur sa rive droite. Là, un vieux saule, dont la partie supérieure a été coupée, tord son tronc mutilé et étend en ligne droite et comme en éventail ses branches verdoyantes. A quelques pas en arrière, la grande tente, notre fidèle amie, a été dressée. C'est notre chapelle, on y célèbre cinq messes à la fois.

Vert pâle rehaussé d'ornements rouges, retenue de tous côtés par des cordes et des piquets, surmontée du drapeau national baigné des rayons du soleil levant, sanctuaire nomade, patriotique et religieux, tout entouré des pèlerins à genoux, des chevaux haletants, des *moukres* et des Arabes attentifs (dont quelques-uns se frappent le front contre terre dans la direction de *La Mecque*), notre tente rappelle l'antique tabernacle des Hébreux encore vaga-

sous l'influence et par les subsides de la Russie. On peut citer, outre le couvent de *Saint-Jean*, le *Déïr-el-Kelt* (ancienne *Laure de Chusiba*) près *Jéricho*, et le couvent de *Kasr-Hadjla,* probablement le *Monastère de Saint-Gérasime.*

bonds, et les solennelles actions de grâces qu'ils rendirent à Dieu, presqu'en ce lieu même, après le périlleux passage du *Jourdain*. Des coups de revolver saluent l'instant solennel de *l'Élévation*.

La messe achevée, ainsi que l'excellent prône du R. P. Alfred, les pèlerins prennent en hâte une tasse de café ou se baignent dans le fleuve biblique, tournoyant, dangereux, profond de 4 à 5 mètres. D'autres, s'éloignant sous les tamaris, puisent dans leurs bidons de fer-blanc de l'eau du *Jourdain* qu'ils rapporteront précieusement, et boivent à longs traits cette eau douce, agréable, sans goût, mais presque tiède. Elle a 28 degrés.

Je coupe une superbe branche de tamaris destinée à faire une canne à l'un de mes amis. Puisse ce bâton guider ses pas dans la voie du retour aux sentiments religieux!

La trompe retentit ! A cheval pour la *Mer Morte!* Nous quittons le parc anglais des rives du *Jourdain;* nous cheminons au petit trot dans la plaine unie, desséchée, solitaire, coupée de ravins taris, et semée de larges plaques et surfaces blanches, preuve que, l'hiver, les eaux torrentielles doivent envahir cette région. Le *Jourdain* s'est éloigné sur notre gauche, il ne se distingue plus que par une raie de verdure au pied des falaises marneuses et tourmentées qui servent de premier plan aux montagnes bleues et majestueuses de *Moab*, de vraies montagnes celles-là! Dans le ciel souriant, plane un oiseau de proie solitaire : partout le silence et la solitude ; et, par delà le massif houleux des montagnes de *Juda*, brille, épiant nos démarches, la grande croix d'or de la *Tour russe* du *Mont des Oliviers*.

Qu'est-ce que cette cavalcade bizarre, en longue colonne tronçonnée, qui trottine devant nous et marche à notre rencontre? Sont-ce des Bédouins, des fantômes ou des Anglais? — Eh! non, ce sont tout simplement nos amis les *Vingt-cinq francs*... Nous appelions ainsi, un peu par dépit, un groupe peu nombreux de nos compagnons qui, plus avisés que nous, s'étaient constitués en caravane distincte, sous la conduite du Fr. *Louis*, un petit *Cahortais* plein de courage et d'industrie, second de dom Belloni à l'orphelinat de *Bethléem*, chéri des Bédouins et devant qui toutes les portes s'ouvraient, même celles des Grecs. Ils faisaient pour *vingt-cinq francs*, et dans des conditions presque aussi confortables, l'excursion qui nous en coûtait *quarante*. Nous fraternisons une seconde : ils nous racontent avec de grands gestes, pâles sous leur manteau blanc, qu'ils ont tout à l'heure rencontré un tigre énorme, l'œil sanglant, la gueule écumante, pelage argenté, longue queue ondulant sur le sable, et dont la présence frappait d'épouvante chevaux, chiens et mulets. Nous leur répondons en riant que sans doute ce *tigre* est un petit neveu du *lion de saint Sabas*, et désormais le *Tigre de Jéricho* passe en proverbe parmi nous. Les *Vingt-cinq francs*, froissés dans leurs convictions, s'éloignent dans la direction du *Jourdain*, d'un air digne et de fort méchante humeur.

Enfin, la *Mer Morte* est devant nous!... bleue, limpide, claire, transparente, serpentine, à peine ondulée; elle vient, par un léger balancement d'avance et de recul, clapoter à nos pieds sur un lit de petits cailloux multicolores. Un vrai lac de féérie ! Tout autour, le long du flot, sur le rivage d'argile en pente douce, une lisière de roseaux brisés, de racines, côtes de palmiers, débris de toute sorte ; et, en face de nous, à quelques mètres dans la mer, un îlot, simple amoncellement de pierres jaunes, ancien débarcadère des Croisés, déjà à demi recouvert par les eaux qui, nous dit le Fr. Liévin, montent de plus en plus, poussées par une force intérieure, et gagnent sur les rives. Et quel cadre à ce lac d'azur ! A droite, le massif violet et jaunâtre des monts de *Juda*, s'abaissant à l'horizon et se terminant par une sorte de cap avancé: quelques arbres verts marquant au loin l'emplacement de *Gomorrhe;* à gauche, le rempart violet pâle et bleu sombre des *Monts de Moab,* plus élevé, majestueux, formé d'un double étage de montagnes, hérissé de pointes presque noires. Vers le Sud, les deux chaînes se perdent au loin dans une brume bleuâtre. On nous indique, au fond de l'horizon indistinct, le pic de *Massada,* la tour de *Karac,* une vieille chapelle bâtie par les Croisés et une montagne toute de marbre blanc. — Avis aux chasseurs : dans les parages montagneux de la rive droite, se rencontrent, nous dit le Fr. Liévin, quelques troupeaux de bouquetins.

Je veux goûter à cette eau de lapis-lazuli. Horreur! l'eau de mer ordinaire n'est rien en comparaison. Le bitume, le soufre, le poivre, tout les ingrédients d'enfer, combinés dans l'alambic scélérat d'un nécromancien, se trouvent réunis pour composer le plus détestable et funeste breuvage qu'il soit possible de concevoir. Un quart d'heure après, j'en ai encore le palais en feu et les mains toutes gluantes. Ce qui n'empêche point, à quelques pas de nous, un grand nègre, qui nous suit depuis *Jéricho,* de se baigner joyeusement tout nu, au grand scandale de la partie féminine du pèlerinage, et quelques pèlerins de suivre son exemple... avec plus de convenance.

Le départ a sonné. Il n'est que temps, du reste. Le soleil monte à l'horizon et embrase le ciel ; un souffle lourd, brûlant, étouffant, commence à passer sur nous. Gare aux insolations ! La *Mer Morte,* dit-on, aime à se venger des téméraires qui osent troubler sa morne et mystérieuse quiétude. Adieu donc, mer fatidique, dont la légende a bercé notre enfance, mer si chère aux prédicateurs auxquels elle fournit tant de motifs éloquents, mer maudite et pourtant si belle, qui demeures un problème pour la science, et dont la dramatique et surprenante histoire nous reporte aux convulsions primordiales, et fait en quelque sorte partie du patrimoine intellectuel de l'humanité.

LE MONT DE LA QUARANTAINE

Après le déjeuner et la sieste obligatoire, nous partons pour le *Mont de la Quarantaine.* La fatigue du matin et les douceurs du sommeil empêchent quelques-uns de nos compagnons d'entendre les sons avertisseurs de la trompe, et ils manquent la délicieuse excursion de la *Fontaine d'Elysée* et du *Mont de la Quarantaine*.

Chemin faisant, nous rencontrons la force armée de *Jéricho*, gardienne des plantations et de la vertu du pays : quatre bons nègres en turbans et haillons, la figure épanouie par un large sourire et portant l'un, un mousquet rouillé, l'autre, un sabre sans pointe, le troisième, un vieux fer de lance emmanché d'un long bâton, le dernier, une massue de bois noirci... par ses mains.

L'eau ruisselle autour de nous et inonde le chemin, des arbustes épineux font la haie de chaque côté et nous enlèvent au passage un morceau de nos voiles, de nos pantalons et de notre peau. Des buissons vert-pâle avec des fleurs lilas, analogues à celles de notre pomme de terre, portent le long de leurs branches épineuses de petites baies jaunes, variété des fameuses pommes de *Sodome*.

Ah ! voici la belle *Fontaine d'Elysée* : elle nous barre la route. C'est un superbe ruisseau de deux mètres au moins de large, limpide et peu profond, qui sort des fentes du rocher offrant à cet endroit une sorte de grotte ou plutôt d'abside à demi circulaire, que l'on dirait presque construite de main d'homme en blocs superposés de molasse rouge. Après quelques coudes, le ruisseau se perd sous des arceaux en ruines, des décombres ombragés de beaux arbres, et fuit à travers la plaine verdoyante. Cette fontaine, aujourd'hui appelée *Ain-Soulthan*, est celle dont le prophète Elysée adoucit les eaux en y jetant des morceaux d'un bois inconnu. C'est là aussi qu'Hérode le Grand fit noyer le jeune Aristobule, le dernier des Macchabées.

De là un chemin récent, assez bon, trop bon même, passant à travers les dunes sablonneuses de l'ancien *Jéricho*, puis gravissant à angle aigu, l'âpre flanc de la montagne, mène au monastère grec de la *Quarantaine*, vrai nid d'oiseau à moitié souterrain, à moitié suspendu comme un balcon, à mi-hauteur sur les flancs arides de la montagne. Une série de grottes se correspondant par des escaliers, des galeries à jour et des passages caverneux abritent à la fois: une espèce de salle d'attente où des cavas ou drogmans enturbannés fument gravement et vous offrent de la limonade rose, la demeure des moines grecs et deux chapelles ornées de jubés ciselés, d'images, d'icones de toutes couleurs et de gigantesques crucifix, peints couleur de chair sur fond d'or, des rayons de cuivre entre les bras de la croix. Dans la dernière de ces chapelles, la plus élevée, une grande niche ogivale, avec lampes rouges et peinture à fresque, renferme, au-dessous de l'autel recouvert d'un tapis noir et argent, une volumineuse pierre conique d'un gris blanchâtre, avec croix gravée en creux. Au dire des moines grecs, Jésus méditait, assis sur cette pierre, quand Satan, le roi du désert, des prestiges et des ombres vint le tenter. Plus haut encore, un escalier de huit marches, surplombant le précipice, mène à un étroit et dangereux réduit avec mur d'appui à demi croulant, qui serait un ancien moulin à sucre des *Frères de la Quarantaine* au temps des Croisades. De là, vue splendide, incomparable, même en ce pays des merveilleux horizons : *Jéricho*, les verts méandres et l'embouchure du *Jourdain*, la *Mer Morte*, les monts de *Moab ;* et à droite, séparé de la *Quarantaine* par un sombre et vertigineux ravin, un énorme promontoire de montagnes qui s'avance à angle droit et barre la vue de ce côté. Et partout, dans les flancs du rocher, nombreuses comme les cellules d'une ruche, s'ouvrent les baies noires et mystérieuses de grottes désertes, antiques séjours des vieux anachorètes... Des merles noirs à ailes oranges et des tourterelles grises tourbillonnent dans l'abîme : vainement un de nos compagnons, jeune baron hollandais, essaye de les atteindre avec un excellent fusil-revolver, dont les détonations stridentes déchirent les échos du précipice.

Cette excursion au *Mont de la Quarantaine* est une des plus intéressantes qu'il soit possible de faire en cette région si riche en beaux sites et en glorieux souvenirs. Que serait-ce si, comme les anciens pèlerins et le vaillant et si regretté Victor Guérin, nous pouvions atteindre, à deux heures de marche plus haut, la cime même de l'austère et superbe montagne, et, comme lui, rencontrer en prières, au fond d'une caverne, quelques moines Abyssins venus en pèlerinage des sources lointaines du *Nil*.

Le soir, à la clarté des torches fumeuses et d'un brasier ardent, les Arabes de *Jéricho*, séduits par l'appât d'un *baschich* monstre que leur a glissé notre ami Léon Dumuys, sortent de leurs repaires, et nous donnent le curieux spectacle d'une de ces danses de caractère, que l'immobile Orient conserve comme un écho lointain d'antiques épopées et de mythes religieux et guerriers.

Mercredi 20 Mai.

LE DÉSERT DE JUDÉE
LE COUVENT DE SAINT-SABAS

Adieu à *Jéricho!* Y reviendrons-nous jamais?... Peut-être !

Nous regagnons *Jérusalem* par le désert de *Juda* et le célèbre *Couvent de Saint-Sabas*. Attention : le danger, dit-on, va paraître. Le chemin est affreux : des corniches de rocher, des abîmes, un chaos convulsif de montagnes abruptes et de ravins désolés, des bancs de rocs sur lesquels glisse le sabot mal sûr des quadrupèdes éperdus, entraînant dans leur chute le malheureux cavalier. Tout le cortège des prédictions sinistres! A en croire certains de nos compagnons, qui d'ailleurs nous abandonnent à une bifurcation du sentier pour revenir directement à *Jérusalem* par une gorge latérale et pierreuse, nous marchons à une catastrophe... Bah! c'est affaire aux gens de la plaine, aux crapauds du marais, d'avoir peur de la montagne et des chemins scabreux. Nous qui sommes de vieux chamois des Alpes, nous ne redoutons que la secousse insidieuse de la vague et l'ennui cruel de l'uniformité.

Ah! du moins ici, nous avons quitté les chemins battus : plus de grande route indifférente et facile, comme pour aller à *Béthléem* ou *Jéricho*, ni de télégraphe électrique pour nous espionner comme à *Tibériade* et *Cana*, plus même, comme à la *Mer Morte*, la grande croix d'or des Russes éclairant notre marche. Nous sommes bien enfin dans la solitude, le silence et le désert. Le désert, l'ami de l'homme et la patrie de la Liberté!...

Le sentier à peine distinct franchit la série uniforme et solitaire des collines ardues, des croupes à pic, rocailleuses et pelées, et des

ravins pierreux, tourmentés et arides. Pas un arbre : quelques herbes épineuses, des chardons blancs et bleu d'acier, de rares fleurettes roses, des plantes odorantes aux feuilles velues d'un vert laiteux, et des sauterelles assoiffées, sautant avec un bruit de crécelle parmi les cailloux. A une ouverture de la vallée, nous apercevons, à travers un interstice des montagnes, la *Tour des Russes,* debout comme une vigie sur son piédestal du *Mont des Oliviers,* et, un peu plus loin, à gauche, la ligne bleue des monts de *Moab.*

Le Fr. Liévin arrête son cheval et regarde en silence, d'un air inquiet, notre colonne morcelée. C'est que voici le pas redoutable... Une descente à pic, formée de larges dalles de rocher plaqué de rose par un imperceptible champignon, et, partout, des amas roulants de pierres noirâtres, bitumineuses et sinistres, sur lesquelles semblent, tant la chaleur est intense, danser des langues de feu. Au fond, à droite, un ravin abrupt et tourmenté, fuyant comme un serpent parmi les âpres détours et les gouffres des rochers... On passe cependant, non sans quelques cris de frayeur, mais du moins sans aucune avarie. Le péril, regardé en face, semble s'abaisser comme une montagne à demi surmontée. Çà et là, au fond des gorges, des pierres soigneusement alignées et superposées de main d'homme, dessinent sur le sol d'étranges et mystérieuses arabesques. Nous détournons de plus en plus sur notre gauche dans la direction du Sud-Est.

Enfin, après une dernière montée, après avoir passé devant un tombeau musulman à deux pointes coniques, à la vue duquel notre guide arabe murmure une prière, nous tournons un angle de roche et apercevons une sorte de cirque naturel, que l'on dirait construit de main d'homme en blocs énormes. Le ravin sépulcral qui forme ce cirque, c'est le *Cédron*, autrement dit l'*Oued-en-Nar* (vallée du feu) et l'*Oued-er-Rahib* (vallée des moines), que nous avons franchi l'autre jour, à notre départ pour *Jéricho*, au pied du *mont des Oliviers*, et que nous retrouvons ici bien plus profond et plus sombre. Il se tourne, se contourne, se replie comme un dragon blessé, en formant une suite de cirques, d'hémicycles, de demi-rotondes et de circuits ponctués de grottes et de noires cavernes. Sur notre droite, au faîte de la montagne, une longue file de chameaux à la haute bosse, descend avec lenteur et précaution un sentier presque perpendiculaire, qui mène aussi à *Saint-Sabas*.

Le guide s'écrie : « Voici le chemin du couvent ! » En effet, le sentier, jusque-là à peine distinct et se traînant sur les roches, s'élargit

brusquement, se pave; des marches s'y dessinent. À notre gauche, rampe un petit mur d'appui qui nous sépare du précipice devenu trop vertical. A un dernier contour, au fond du ravin tout criblé de cavernes, apparaissent: d'abord de petites coupoles, puis, un grand bâtiment moderne à toiture rouge; enfin, un instant après, émergent brusquement, sortant comme de derrière un rideau, deux grandes tours carrées, jaunâtres, hérissées de petites échauguettes, construites en bel appareil et en pierres en relief, la base plus large, et diminuant par trois retraits successifs, la cime tronquée et comme rétablie avec de petites pierres sans ciment, soigneusement juxtaposées.

Ce sont les *Tours de Saint-Sabas,* gardiennes du désert et sécurité des religieux, œuvre bienfaisante, dit la tradition, l'une de la mère de *saint Sabas,* l'autre de la généreuse *Eudocie,* celle qui dormait là-bas, aux portes de *Jérusalem,* à la naissance même du *Cédron,* dans son linceul impérial tout mouillé de ses larmes, sous la garde, hélas! défaillante, du bon *saint Étienne.* De la première de ces tours, la plus voisine de nous (celle de la *mère* de *saint Sabas*), part un long mur qui descend, haut et rapide, s'abaissant par coupures et comme échelons rectilignes jusqu'au fond du précipice et, remontant de l'autre côté, vient rejoindre la tour à son angle parallèle, clôturant ainsi tout le monastère avec son dédale de chapelles, de cours, de gáleries, de terrasses et de constructions diverses. La seconde tour, un peu moins massive, dite la *Tour d'Eudocie*, se dresse sur un pic isolé, séparé du couvent par une dépression profonde et sans communication avec lui. Elle est réservée, paraît-il, à la réception des femmes auxquelles l'accès des bâtiments claustraux est rigoureusement interdit. On dirait les *Tours du Silence* des *Parsis* de l'*Inde* (1).

Après le confortable déjeuner, et le repos dans le vaste et ombreux divan, mis gracieusement à notre disposition, nous visitons le célèbre monastère. Étrange assemblage et curieuse mosaïque, bizarre et savant dédale d'étages successifs, de constructions échafaudées, de cours, jardins, cellules, églises, coupoles, escaliers, galeries et terrasses, passages multiples aux portes peintes en bleu, le tout plaqué sur le flanc perpendiculaire du *Cédron*.

Ici la *grotte de Saint-Sabas*, noire du feu des cierges et toute gravée de croix et d'X, « où ce Roi des déserts qui, dit l'hagiographe grec (2),

(1) Le gouvernement russe a fait placer des cloches dans l'une de ces tours, mais nous ne les avons point entendues.

(2) Cyrille de Scythopolis, § 15.

avait rendu plus populeuses que les villes les solitudes calcinées », priait côte à côte avec un lion devenu son ami. Là, la source invisible que lui enseigna une nuit le sabot indicateur d'un onagre providentiel ; auprès, le palmier, seul de son espèce de *Jéricho* à *Jérusalem*, qu'il planta de sa main dans une fissure du roc et qui s'élève aujourd'hui d'une sorte de vase de pierre cimentée, avec son maigre panache de palmes jaunissantes et produit des dattes sans noyau. Plus près de la porte d'entrée, la très ancienne *chapelle de Saint-Nicolas*, dont la roche vive forme la voûte et où se gardent précieusement, avec de très curieux tableaux, les crânes des moines égorgés, en 614, par les Perses et les Arabes. De l'autre côté de la cour, presque en face, la grande église rectangulaire, ogivale, à fenêtres rondes et dôme central, œuvre, dit-on, de l'empereur Justinien, tout illustrée de vieilles peintures byzantines et étincelante de superbes portraits de *saint Sabas* sur fond d'or et d'argent, et de figures de guerriers rouges et jaunes.

Enfin les nombreuses chapelles dédiées à *Saint-Georges*, à *Saint-Pierre* et *Saint-Paul*, et à *Saint-Jean Damascène*, dont la tombe de marbre de diverses couleurs, blanc, gris et jaune rouge, se voit dans un angle auprès du soupirail de la caverne où il vécut jadis.

Quelle admirable vie que celle de *saint Sabas !* Et quel dommage que, trop fier de son orthodoxie indépendante et dédaigneuse, il n'ait pas mieux compris la nécessité historique, providentielle et sociale de l'union déférente et étroite avec le *Siège de Rome !...* Savant, éloquent, infatigable et dévoué, maître en la vie spirituelle, commandant, du haut de son ascétisme rigoureux, à la nature soumise, énergique, passionné, vaillant, il fut le rempart des orthodoxes, le défenseur des fidèles contre les Samaritains, des contribuables saignés à blanc contre les collecteurs du fisc, le censeur intrépide et prophétique des empereurs hérétiques ou trop facilement abusés (1). Sa noble mémoire vit toujours dans ces déserts qu'il illumina de ses prodiges et peupla de ses innombrables disciples. Quelque chose de sa puissance sur la nature semble même être demeuré chez ses moines : à leur voix, les merles noirs aux ailes couleur aurore, qui nichent sur les parois du gouffre, viennent sans peur becqueter dans leurs mains les miettes qu'ils leur offrent, et, la nuit, les chacals affamés du désert accourent timidement, à leur appel, saisir chacun le morceau de

(1) Sur *saint Sabas*, voir sa vie par Cyrille de Scythopolis, dans Cotellerius, *Monumenta ecclesiæ Græcæ*, tome III, et Couret, *La Palestine sous les Empereurs grecs*, pages 137 à 189.

pain que leur jettent les moines, et se retirent avec respect.

Et cependant, l'âme du pèlerin éprouve au *monastère de Saint-Sabas* un désenchantement profond. Pourquoi? Est-ce la vue de ces moines grossiers, laïcs, avares et sordides, drapés dans leurs haillons noirs, la tête coiffée de la toque aplatie qui les fait ressembler à de vieux juges, et qui vous vendent le plus cher possible des médailles de plomb, des chapelets hérétiques en graines du *Jourdain* et verre émaillé et des cannes en chêne-vert d'*Hébron* ou en prétendu baumier de *Jéricho?* Est-ce la sourde hostilité qui, dans cette citadelle monastique, respire partout contre les *Latins* et bat sous la cagoule des moines? Est-ce le désenchantement que l'on éprouve à voir que, dans ce couvent fameux, qui fut, durant tant de siècles et même bien après l'invasion des Arabes, l'unique foyer de culture intellectuelle dans la Palestine (1), tout, absolument tout (sauf les deux tours, le mur d'enceinte et l'église), est moderne et refait sans art, sans goût, sans ornement, sans intelligence? Je ne sais, mais

(1) *Revue de l'histoire des Religions*, n° de janvier-février 1887, huitième année, tome XV, pages 101, 102, 103 à 107. (Nous croyons devoir avertir que cette *Revue*, fort intéressante d'ailleurs, ne doit être consultée qu'avec la plus grande réserve.)

l'âme de l'historien, même le plus respectueu de l'hagiographie et des traditions monastiques de l'Église grecque, ne trouve, pour ainsi dire, pas où se reposer.

Le retour à *Jérusalem* ne présente ni sérieuses difficultés, ni bien profond intérêt. On suit par un étroit et mauvais chemin la vallée du *Cédron;* on serpente durant trois ou quatre heures entre les rochers sans ombre, déserts, sans vestige d'existence humaine, (sauf un cimetière arabe), sans souvenirs d'aucune sorte. La seule chose vraiment belle, ce sont les approches de *Jérusalem* par le débouché de la gorge du *Cédron* dans celle de *Hinnom*. Des arbres nombreux, des vergers d'oliviers et de figuiers, des ruines austères debout sur les reliefs de la montagne, enfin l'embranchement et les premières approches de la *vallée de Josaphat*, signalée par la pente rapide de l'*Ophel* et la longue et grise façade de l'*hospice des lépreux*. Justement, le surplus du pèlerinage, ceux qui n'ont pas osé affronter la *Mer Morte* et *Saint-Sabas*, s'y trouvent réunis autour de l'espèce d'enclos misérable, où sont actuellement parqués les lépreux. Ils trouvent fort extraordinaire que nous ne mettions point pied à terre sur l'heure, pour venir à leur suite saluer messieurs les lépreux ! une brave dame crie d'une voix perçante et désobligeante :

« Ils ne descendent pas voir les lépreux! » Ma foi non! les secourir, c'est bien, les voir, c'est trop... Puis ne les connais-je pas déjà de fond en comble, par l'excellente brochure de mon ami le Dr Pilate qui, lui, les a examinés au microscope? (1)

La voilà donc heureusement accomplie cette pérégrination redoutable au *Jourdain* et à la *Mer Morte*, sur laquelle les augures effrayés amoncelaient tant de sinistres pronostics! A part quelques heures étouffantes au retour de la *Mer Morte* et sur les cimes arides de *Saint-Sabas*, et quelques pas un peu délicats, elle a été de tous points exquise. La voilà terminée, et nous pouvons maintenant d'une main ferme et loyale, saisir à juste titre les *palmes* qui nous attendent à l'*hospice Saint-Louis* par les soins de notre ami le comte de Piellat, et que nous ferons bénir au *Saint-Sépulcre*.

Malheureusement, cette excursion est aussi le dernier acte un peu saillant de notre séjour en *Terre Sainte*. L'heure du départ approche... Bientôt, comme le héros de l'antique *chanson de Gestes*, nous pourrons dire: *Je vins ici en*

(1) *Une visite aux lépreux de Jérusalem, en 1888*, par le Dr E. Pilate, brochure de 16 pages extraite du tome VI, *des Mémoires de l'Académie de Sainte-Croix d'Orléans* (Orléans, Girardot, 1889, in-8).

toute allégresse, je m'en dépars à grande douleur ! (1)

Aussi bien, le temps et l'espace me manquent à la fois pour poursuivre ce trop long récit. Je le clos. Mais auparavant, qu'il me soit permis de signaler encore trois épisodes d'intérêt capital, et ensuite de dire adieu, un adieu cordial et ému, à cette *Jérusalem* que je suis venu voir presque au péril de ma vie.

Un souvenir, d'abord, à cet admirable *Chemin de croix* où, portées sur les épaules fidèles des pèlerins enthousiastes, deux croix surhumaines, escortées de la masse frémissante du pèlerinage, suivaient pas à pas la *Voie douloureuse* et ses cruelles stations, consacrées par la tradition et encore éclaboussées pour ainsi dire du sang de Jésus. Véritable revanche de la *Passion* accomplie sous l'œil irrité de la plèbe musulmane, glorieux dédommagement du premier *chemin de la Croix* et des sanglants opprobres dont ici même Jésus fut abreuvé !...

Rappelons en second lieu l'intéressante et noble cérémonie qui, dans la *Chapelle de l'ange*, domaine personnel des RR. PP. Franciscains, fit entrer dans l'*Ordre chevaleresque du Saint-Sépulcre* quatre des pèlerins de 1890. Tous,

(1) Paroles de Fromont, comte de Bordeaux, dans le poème intitulé : *Chanson de Gestes des Lorrains.*

d'ailleurs, dans notre pèlerinage, étaient dignes de cet honneur!... A genoux sur la marche de l'autel, à l'endroit même où s'agenouillèrent tour à tour *Châteaubriand*, *du Couëdic*, *Lanjuinais*, *Arthaud de Montord*, *Chasseloup-Laubat*, *L'Escalopier*, *La Bouillerie*, *Bois-Guilbert*, *monseigneur le duc de Bordeaux* et le *prince de Joinville*, nous reçûmes chacun le coup d'épée symbolique. On nous chaussa l'éperon d'or, on nous passa au col la chaîne de vermeil et la croix sertie de grenats; on nous mit en main la longue et large épée de fer, dite de Godefroy de Bouillon, en signe de consécration à la défense des *Saints Lieux*. On nous donna l'accolade, et nous nous relevâmes *Chevaliers du Saint-Sépulcre* (1). Les ombres des vieux pèlerins, des anciens Chevaliers créés jadis en cette même basilique (2) depuis le *duc de Holstein-Schawenbourg*, le *roi Waldemar de Danemark*, le *marquis de Saluces*, le *comte de Wurtemberg*, le *prince d'Orange* et le *duc Jean de Clèves*, jusques à *François de Harcourt*, *Marc de Montmorency*, *Auguste de Thou*, *Victor de Talleyran*

(1) Voici par ordre de date de réception, les noms de ces quatre pèlerins : ce sont MM. *Couret*, *Léon Dumuys*, *Raoul de Grandlaunay* et *Léon Bourcier*.

(2) Autrefois, les réceptions se faisaient dans la *crypte* même du *Saint-Sépulcre*.

et *Jean de Montgommery* (1) semblaient remplir autour de nous la *Chapelle de l'ange* et applaudir à notre réception. Souvenir ineffaçable, et qui imprime à jamais dans nos cœurs sa marque délicieuse et brûlante! que les *Pet-de-loup* de l'Université (2) et les *Faiseurs-de-barbe* de l'École

(1) Sur les *Chevaliers du Saint-Sépulcre*, depuis l'origine jusqu'au rétablissement du Patriarcat latin de Jérusalem, on peut consulter les ouvrages suivants: Couret, *L'ordre du Saint-Sépulcre de Jérusalem depuis son origine jusqu'à nos jours*, pages 28, 48, 55, 69 à 72, 76, 84 à 86, (Orléans, Herluison, 1887, gr. in-4); *le Registre des chevaliers et voyageurs en la Terre Sainte*, curieux manuscrit ayant fait partie des archives de l'ancienne *Archiconfrérie royale des chevaliers, voyageurs et palmiers du Saint-Sépulcre de Jérusalem*, établie à Paris, et appartenant aujourd'hui à M. le chanoine Laurent de Saint-Aignan à Orléans; et enfin, le précieux manuscrit, conservé dans la bibliothèque des RR. PP. Franciscains du *couvent de Saint-Sauveur* de *Jérusalem* et intitulé: *Registrum Complectens nomina, agnomina et Nationes Equitum omnium SS. Sepulchri nec non annos, menses, dies cunctosque Guardianos a quibus habitu militari quinque rubeis crucibus elaborato insigniti decoratique fuerunt, ab Admodum R. P. Fr. Paulo a Lauda in partibus Orientis Aplico Commissario Terræ Sanctæ Custode ac Sacri Montis Sion Guardiano in meliorem ordinem redactum anno Dni 1638.* in-4. Je dois la communication de ce très intéressant document à la grande obligeance du *R. P. Jérôme*, vice-custode du couvent de Saint-Sauveur, qui même a bien voulu m'en adresser un extrait, ce dont je le remercie bien vivement.

(2) *Revue des Deux-Mondes*, numéro du 15 juin 1881, p. 779.

normale raillent, s'il leur plaît, cette historique cérémonie, souvenir des temps héroïques et de la vieille France d'outre-mer, c'est affaire à eux et nous leur répondons par la plus dédaigneuse indifférence.

Enfin pourrais-je oublier l'émouvante *grand-messe du dimanche de la Pentecôte*, 25 mai, célébrée sur le plateau du *Mont Sion*, parmi le champ des morts, et à l'ombre du *Cénacle !* Tout autour, les épitaphes à demi effacées du cimetière arménien ; dans le fond, en blanche rangée contre le mur, les mausolées de marbre aux lettres d'or des pèlerins morts durant les pèlerinages antérieurs ; et, à gauche, l'amas mélancolique et confus des bâtiments du *Cénacle*, surmontés de leur grêle minaret. La Sainte Communion donnée aux pèlerins là, à deux pas du lieu où l'*Eucharistie* fut instituée, d'où Jésus-Christ s'éloigna pour aller à la *grotte de l'Agonie*, et plus tard à la colline de l'*Ascension ;* où les commotions du Saint-Esprit illuminèrent les Apôtres !...

Il faut finir cependant, finir et partir. L'heure a sonné ! Déjà les véhicules grinçants nous attendent en longues files au sommet de la rampe, sur la route poudreuse de *Jaffa*, à quelques pas du *Consulat de France*.

Adieu, murs chéris de *Jérusalem*, sanctuaires ineffables, imprégnés à la fois du sang de

Jésus-Christ et du sang de la France, dont tous les autres ne sont que l'image affaiblie, berceau de notre culte et de notre civilisation, et où notre âme brûlante et charmée s'épanouissait comme dans sa patrie. Puissé-je, oh! puissé-je vous revoir un jour! Vous conservez une part de mon âme.

Adieu, prêtres éminents, qui nous avez ouvert les bras avec tant d'affection : *Dom Tannus*, le chancelier du Patriarcat Latin, M. le chanoine *Coderc*, mon bienveillant protecteur; Mgr *Poyet*, si vénérable, si savant et si doux; Le R. P. *de Chaumontel*, si actif, si énergique et si zélé, digne successeur du Père de Ratisbonne; et ces deux aimables ecclésiastiques (1), qui, le matin de mon départ, m'accompagnèrent avec Dom Tannus, M. l'abbé Coderc et Mgr Poyet jusqu'au seuil du Patriarcat Latin!...

Adieu, bon Fr. *Liévin*, notre guide vaillant et fidèle, qui, depuis quarante ans en *Palestine*, en connaissez tous les secrets. Que Dieu vous donne un jour l'inestimable joie de retrouver, sur le champ de bataille de *Hattin*, la Sainte Croix enfouie dans une déchirure du sol au moment de la déroute ; ou bien, dans les montagnes de *Moab*, l'arche d'alliance et les ornements du temple cachés par Jérémie après le

(1) *Dom Jean Kalil et Dom Gratien Safieh.*

sac de *Jérusalem* par les armées chaldéennes ! Je sais que déjà vous êtes sur la trace.

Adieu, R. P. *Germer-Durand*, constructeur de *Notre-Dame de France*, si érudit, si sage et si calme, dont les belles découvertes archéologiques et le précieux musée sont un honneur pour la science française.

Adieu, bon comte *de Piellat*, mon compatriote d'origine, auquel appartient le si enviable honneur d'avoir fondé cette charitable merveille, ombragée par le sycomore de Godefroy de Bouillon, que l'on appelle l'*hospice Saint-Louis*, où nos malades furent si cordialement soignés par notre excellente et chère Sœur *Camomille*. Et vous aussi, zélé *Consul*, qui défendez avec tant de cœur les droits de la France en *Terre Sainte !*

Adieu surtout, adieu admirables maisons religieuses, qui êtes dans la *Jérusalem*, hélas ! musulmane d'aujourd'hui et disputée entre les puissances rivales, les représentants effectifs, les symboles palpables, la manifestation, la personnification matérielle et permanente du Protectorat français, des droits éminents et si méconnus de la France aux *Saints Lieux !* (1)

(1) 1° *Protectorat des Saints Lieux* accordé à Charlemagne par *Aaroun al-Raschid*, (*Archives de l'Orient latin*, tome 1, 1re partie, page 13, note 15.)

2° *Cession de la chapelle du Calvaire* au roi Charles V

Mieux encore ! qui demeurez en *Terre Sainte* comme une *Croisade perpétuelle*, croisade pacifique et irrésistible de l'amour, de la charité, du dévouement ; qui donnez ce que vous n'avez pas, et, faute d'or, vous donnez vous-mêmes ; qui, du *Liban* au *Sinaï* et de l'*Oronte* au *Nil*, faites acclamer par vos bienfaits, comme jadis les *Croisés* par leurs vertus militaires et leurs grands coups d'épée, le nom sublime et béni de la France : « cette fleur merveilleuse, ce sourire de la civilisation humaine ! » Je voudrais pouvoir vous nommer toutes ! Je le ferai, je l'espère, dans une prochaine étude où je montrerai les miracles de votre patriotisme et de votre charité. Mais dès aujourd'hui, et comme mot de la fin, je veux signaler aux

par le pape Grégoire XI, le 25 novembre 1375. (*Privilèges accordés à la couronne de France par le Saint-Siège*, pages 269, 270, dans la *Collection des documents inédits sur l'histoire de France publiés par les soins du Ministère de l'Instruction publique*.)

3° *Donation des droits de la maison d'Anjou sur le royaume de Jérusalem par le testament de Charles* III *du Maine en faveur de Louis* XI, *en 1481*. (*Histoire de Provence* par messire Jean-François de Gaufridy, etc. pages 351, 352 (Paris, MDCCXXIII, in-folio).

4° *Donation du Saint-Sépulcre* au roi Louis XII, en 1512, par le sultan du Caire, *Qhansou Ghoury*. (*Le voyage d'outremer, etc., de Jean Thénaud. Appendice*, pages 231, 232, Paris, Leroux, MDCCCLXXXIV, gr. in-8.)

pèlerins de 1891 et des années futures, les trois œuvres *capitales*, prépondérantes, les trois œuvres de prédilection auxquelles je les engage vivement à consacrer à *Jérusalem* leurs visites et leurs libéralités.

NOTRE-DAME DE FRANCE, hospice, asile, maison, hôtellerie des pèlerinages français à *Jérusalem*, lambeau de la patrie, *auberge de France* aux *Saints Lieux*, comme on disait autrefois dans le simple et fier langage des chevaliers de Malte (1).

Les SŒURS DE SAINT-VINCENT DE PAUL, appelées par les Arabes : *les oiseaux blancs du bon Dieu*, petite communauté de huit religieuses, dirigée par la révérende et très distinguée Sœur *Sion*, qui recueille et baptise les incurables et les enfants abandonnés, visite les infirmes à domicile, et ouvre un dispensaire (clinique et pharmacie) où viennent chaque jour se faire panser et médicamenter de 500 à 800 malades. Sans parler des *Lépreux*, les plus hideux des malades, que ces héroïques religieuses soignent avec le plus admirable dévouement. Ces pauvres Dames sont actuellement

(1) NOTRE-DAME DE FRANCE, *par M. l'abbé Joseph Lespinasse, chanoine honoraire d'Agen, avec la collaboration de M. Alphonse Couret, ancien magistrat, et de M. l'abbé Brisacier, etc.* (Paris, 8, rue François Ier, 1891, brochure petit in-4° de 81 pages.)

établies dans une modeste et étroite maison qu'elles ont louée des *Abyssins*, et qui, grâce aux bons offices de la jalouse *Russie*, ne tardera pas à leur être retirée.

Enfin les Sœurs du Rosaire, fondées en 1880, par le chancelier dom Tannus, religieuses indigènes, Syriennes, mais Françaises de cœur et placées sous le protectorat et le drapeau de la France, destinées : d'abord à propager en *Terre Sainte* la dévotion au *Rosaire*; puis à fonder dans les nombreux villages *fellahs* des deux rives du *Jourdain*, si rebelles à toute influence et immixtion occidentales, des *écoles de filles* qui sont déjà des pépinières de religieuses, d'institutrices et de mères de famille catholiques et dévouées à l'Église et à la France.

Voilà, chers pèlerins de l'avenir, où il faut avant tout porter vos pas et vos oboles : c'est là que le besoin en est vraiment le plus urgent.

Puis, croyez-moi, ne redoutez point, pour venir à *Jérusalem*, ni les fatigues du voyage, ni les épreuves de la traversée ; je ne parle pas des périls, il n'y en a pas, pas assez! Si vous me permettez de me donner, pour une fois et très humblement, en exemple, je vous dirai que, parti sans forces et presque à demi mort, éprouvé plus que personne sur le bateau par l'odieux mal de mer, j'ai recouvré la santé au contact bien-aimé de la *Terre Sainte*, et suis revenu vigoureux et rajeuni, n'aspirant plus qu'à revoir de nouveau *Jérusalem*. Donnons-nous rendez-vous pour l'an prochain, voulez-vous?... Et puisse la TERRE PROMISE, échappant à la double étreinte des Russes et des Juifs, redevenir bientôt et pour jamais FRANÇAISE!...

Impr. PETITHENRY, 8, rue François Ier, Paris

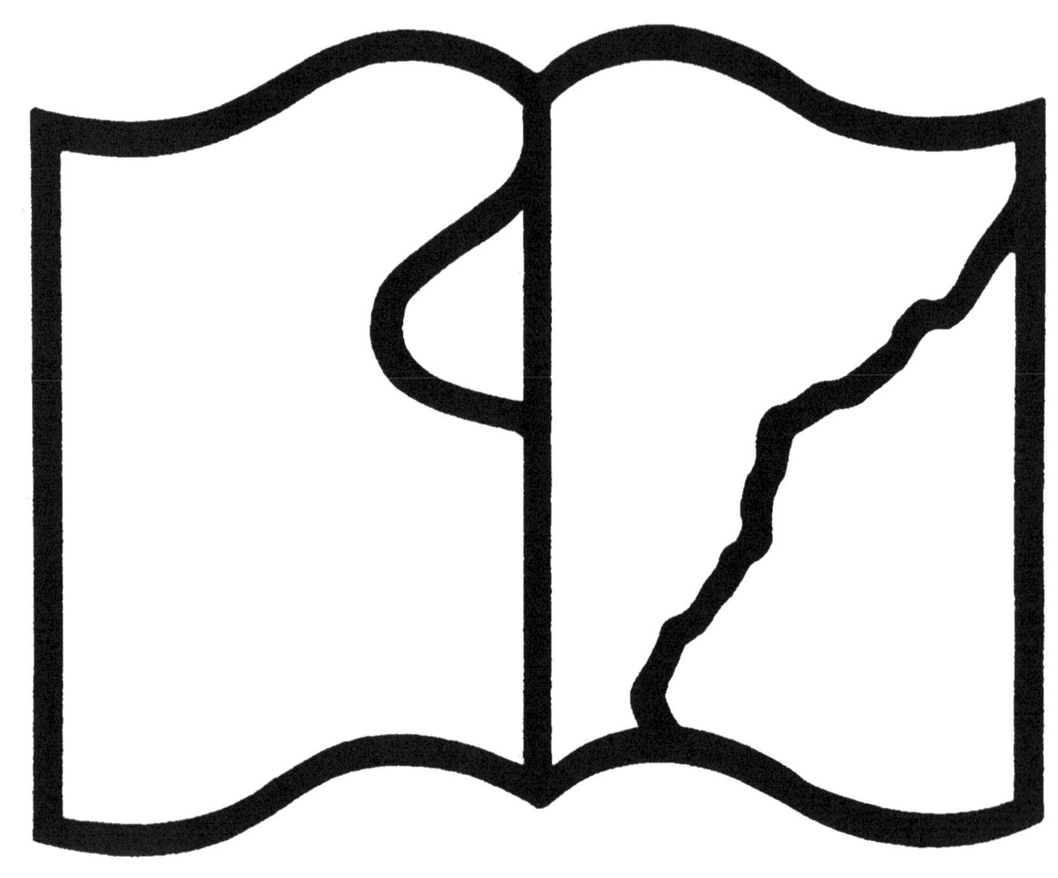

Texte détérioré — reliure défectueuse

NF Z 43-120-11

www.ingramcontent.com/pod-product-compliance
Ingram Content Group UK Ltd.
Pitfield, Milton Keynes, MK11 3LW, UK
UKHW012204240726
13966UKWH00002B/558